读客®文化

复旦名师 · 哲学博士

陈果 著

好的爱情

陈果的爱情哲学课

长久的爱情
就是一次又一次地爱上同一个人

人民日报出版社

目 录
contents

Part 2 成熟与自由

Part 3 人啊，认识你自己

Part 4   自我人生的实现

Part 5 信仰与文化

自　序

没有爱的生命，是没有花的春天。

这爱，可以是两情相悦的爱情，可以是深情厚谊的友情亲情，也可以是对生活的无限热爱。

然而，在所有的爱中，最重要却也最常被人忽略的一种爱，便是自爱。其实爱自己，就是热爱生活。

爱自己，不是在物质上不断地满足自己的需要。一个人真正需要的物质能有多少？沉溺其中，不会带来轻松与喜悦。

爱自己，就是尽力地使自己活成一个自己会喜欢的人，并且用喜欢的方式度过一生。

因为你自爱，你会让自己变得更真挚、更宽厚；面对起伏的生活和无常的命运，你会更加勇敢；你会让自己变得强大，更好地主宰你的人生，而不是被四面八方的风浪潮汐裹挟着随波逐流……

你的自爱，无形中会让你成为一个更可敬更可爱的人，这会使你吸引来那些真心爱你的人，会带给你真正美好的爱；而当你用爱自己的方式去对待他人，这便是爱情、友情、亲情、博爱最本质的起源。

　　本书的话题涉及一个人在对自己、对恋人、对朋友以及对信仰心怀赤诚和实践爱意的过程中可能会产生的一些疑问和误解。希望我个人对这些问题的思考与分享，能带给你一些新的启发。

陈果

2018年4月

Part **1**

关于爱情

"爱慕"与"爱"相比，多了一层倾倒，
多了一种无可救药的怦然心动，
多了一份近乎崇拜的"天命难违"。

情与爱

青春期的心理、年轻人的心事，往往脱不开一个"情"字。一般而言，青年人相比中年人或者老年人更容易多情。换言之，"多情"可以看成是一种心理上年轻的标志。

但是，在这里所说的"心理上年轻"并不一定是褒义。因为年轻固然意味着朝气蓬勃、敢打敢冲、激情四射、天真烂漫，我们称之为"率真"或者"质朴"，同时也意味着鲁莽草率、轻薄浮浅、不知深浅、不明是非等等，我们称之为"幼稚"或者"愚蠢"……

我们的现代社会和现代文化似乎过于抬举了"年轻"的价值，而没有给予它客观公正的评价。这样贸然地褒扬某一个特殊的年龄阶段，相对地，也就意味着对其他年龄阶段抱有偏见。这不但有违自然真相，而且也对社会有害无益。

所以，当我说"多情"可以被当作"心理年轻"的一个标志时，并不是在为"多情"唱颂歌。事实上，我想表达的是，生活中我们常常把"爱"与"情"这两个字合并在一起，当成一个词来处理，这就造成了我们很多时候错将"情"混淆为

"爱"，误以为"有情"即是"生爱"。于是，当我们对一个人产生"情"的时候，我们会以为那就是"爱"；当我们对一个人心生牵挂的时候，我们就以为自己坠入了"爱河"；当我们与一个人"谈情"的时候，我们以为彼此一言一词传递的是"爱意"。

　　"情"不是"爱"，两者不但不应相提并论，而且相去甚远。"情"字从"心"从"青"，我将它理解为"心理青葱"。而辩证地看，"心理青葱"本就蕴含着一层幼稚、蠢动、轻佻、善变的意味。"情"正是如此，比如我们所熟悉的与"情"相关的词语：情绪、情窦、情愫、情欲、情场、调情……它们往往停留在一种感觉、感触的层面上。感觉或者感触的最大特点就在于它们总是浮动的、善变的，在时间上来得快去得也快，所以它们在数量上难免繁多，我们常说"触景生情""多情善感"，可见一个人的"情"总是很多；同时，正因为倏忽即来、转瞬即逝、飘忽不定、交缠错绕，质量上就难免粗糙，程度上也相对浅薄，所以"情"会给人留下印象，但每一次印象又会被下一次新印象覆盖。

　　情与爱截然不同，相对而言它总是比爱更多、更浅、更短暂。这就是为什么我们会在日常语言中自然而然区分开"情人"与"爱人"、"多情"与"挚爱"。

　　我所见过的"多情种"不多，有男有女，往往分成两种类型。

第一类是一些寂寞难耐、以情感游戏来填补心灵空虚的"无情客"。可能也是我们俗称的"花花公子"或者"花花公主"，英文中的playboy或者playgirl。

他们的"多情"往往源于"无情"，换言之，他们的"花心"只是因为"无心"。这些人在任何"爱情"关系中，没有自身情感的真正投入，只是比较擅长于利用他人的信任或诚意，玩弄一些情感的技巧。所谓情感的技巧，说得直白点，也就是欺骗。他们发展一段恋爱关系的动机，有时是打发寂寞，有时是证明自我的魅力。前一种人需要找一个对象，来填补自我情感世界的"空窗"，让自己业余有点事情可以做，百无聊赖时有一个人可以陪，情绪低落时有一双耳朵可以倾听。后一种人则需要通过外人的甜言蜜语、极力讨好、拼命追求来验证自己作为一个男人或者一个女人的个人魅力值，他们的内心需要的不是温情，而是自信，这"自信"不是来自于清醒的自我认识和准确的自我评估，而是来自于他人用"痴情"和"迷恋"所营造出的"高高在上"的自我优越感。

一个人最追求的东西往往是他最欠缺的东西。如果我们身边有这种"无情客"，仔细观察一下，我们就会发现他们常常是一些内心不自信、底气不足的人。有些人因为曾经有过惨败的失恋经历而信心全倒，有些人自知平庸，无可标榜，但经不住虚荣心作祟、好胜心驱使，就以此来实现众人面前的自我抬高。他们追逐（play）的对象一般而言都不是发自内心情有独钟的人，不是他们真正的心上人，相反，是他们自己不特别在意（care）的人。

我见过有些女孩为了享受很多人追求自己、讨好自己、众星捧月的感觉，就与多人保持言语上的暧昧，向他人抛去"希望"的绣球，借此吊住他人对自己"求而不得"的胃口，但事实上，这些追求者都不是令她怦然心动的人，他们再怎么奉承迎合，满足的不是她对爱情的需要，而是她的自我陶醉。同样，有些男孩以征服或者"搞定"很多女孩来炫耀自己的魅力资本，这些女孩往往不是他们为之神魂颠倒的女子，却大都未经世故，又颇有几分自以为是，混合着稚气与负气。她们的"负气"使得她们想当然以为自己拿捏得住、掌控得了，而"稚气"又注定了她们容易轻信、不知反省。

然而，如果我们想一想，就会明白：一个人"自信"的力量只能来自于自我清醒的自知之明和由此而来的自我内在坚定的信念，与他人无关。所以真正的"自信者"从容淡定，无需哗众取宠；他不追求旁人的娇宠溺爱，而安于自我的宠辱不惊。爱情世界中真正美好的"吸引力"不是一块磁铁，泛滥无度地收纳一切闲钉铁屑；而是一首诗，不知不觉吸引着那些与我心心相印的人，那些解我读我、知我懂我的心仪之人。

那些通过技巧、骗术来吸引或玩弄痴情者的人、那些在情感游戏中以无情无义来攻克他人爱情堡垒的人，那是"混球"对"傻帽"的随意伤害，其中不存在任何美好的"情意"，更谈不上什么"爱",也谈不上真正的魅力。这一类人本质上是一些怯懦者,怯懦到只敢在弱小者面前表现他们的强大。

第二类我称他们为真正的"多情种",以区别于前一类的"无情客"。他们当中的很多人能同时展开很多段恋情,有很多个不同的恋人,但是在每一段恋情之中,面对每一个恋人之时,他们都是真心的,都是发自内心恋恋不舍的。

人们常常以为这样的"花心大萝卜"爱太多、爱的能量太大,以至于需要多个对象来共享和分担。但我们可以想象一下,一个人的时间、精力、情感有限,当同一种情感被置于多个对象的时候,它必然会变薄变浅,难免趋于敷衍。这样的"多情"或者我们常说的"脚踏两条船",其中确有自我真实情感的植入,但是往往扎根不深,所以缺乏确定性,也不可能具有稳定性,始终有种"飘摇"和"游移"的气质。我们常常误以为,这种"确定性"的缺乏是因为"我既爱甲,又爱乙",两者皆爱,所以难以割舍。事实正好相反,这样的人不是两者皆爱,而是一个也不爱;他不是在恋爱,只是在自恋;他不是博爱,仅是自私;他之所以难以割舍,不是为钟情,而是为占有欲;他的纠结不是源于"情谊深厚",而是源于"薄情寡义";他确是一颗"多情种",也注定是一个"负心汉"。

所以俗话说:"情最难久,故多情人必至寡情。"很多"多情种"将自己的情愫从一个目标转向下一个目标,从一个章节跳到下一个章节，他自以为爱过很多人，其实那是自欺欺人；事实是他谁也不爱，他不知道什么是爱，也不知道该去爱谁，他甚至不明白为什么一心一意地爱对他而言那么难做到。究其本质，这一类"多情种"最读不懂自己的"心"，他找不到那颗能点燃自己全副热情的"火种"，浑浑噩噩地看不清自己的"内心之向往"，也就无法正确地判断自己的爱该如何"尘埃落定"，自己将"情归何处"。他们的"情"一直在"搬家"，他们的心总在漂泊，却没有一处长久的住所。在旁人眼中，他们四处游走，看似处处安家，实际上无处是家，所以无家可归。

情是爱的谎言。情总是多的，而多情者必至寡情。与之相反，爱必然是专一的，因为它是毫无保留地全身心投入，这样的专注一定伴随着内心的忠诚。那首裴多菲的名诗《自由与爱情》中的前两句是"生命诚可贵，爱情价更高"，暂且撇开"爱"与"自由"的复杂关系，或许单单这两句诗，已然向我们暗示了"爱"的定义：只有当一种情感高于我们自身生命的价值时，它才是爱。爱需要一个人心甘情愿地用生命来垫付那极高的成本。爱就是这样一种义无反顾、心无旁骛、自我奉献，所以爱的对象怎么可能多得起来呢？哪怕仅仅是对一个人的爱，通常就足以燃尽我们的所有，包括我们自己。

情是流动的、荡漾的、飘逸的、轻盈的，像羽毛般随风辗转，如微风般四处悠游。与之相反，爱是稳定的、持久的、坚

韧的、厚重的，是一个人安身立命的根、不可须臾远离的精神
家园，就像《圣经》所说的"骨中骨，肉中肉"。爱是一团精
神与另一团精神的亲密拥抱，是一个灵魂与另一个灵魂的彼此
共生、相互归属。在爱中，世界就是你，我也是你，全然融为
一体。在爱中，我们紧闭的心门被另一个人的眼神悄悄叩开，
从此我们向月光，向音乐，向天空，向太阳，向万物，向一切
彻底地打开了自己，我们的内心像世界一样宏伟，像自然一样
富有创造力。这可能就是"爱"的魔力吧，一旦被丘比特的金
箭射中，胆小者都会变得异常勇敢，粗心大意者竟会心思细腻
敏感，拙舌者也能吟诵出最动人的诗篇，而绝望者将永不言
弃。看看诗人里尔克写给他深爱的莎乐美的诗吧：

　　　　弄瞎我的眼睛，我依然会看见你。

　　　　塞住我的耳朵，我依然会听见你。

　　　　即使没有脚，我也能找到路走向你。

　　　　即使没有嘴，我也能苦苦地哀求你。

　　　　卸下我的手臂，我也会抓住你。

　　　　我将用我的心抓住你，就像用我自己的手掏出
我的心。

　　　　我的脑筋会围着你转动不停，

　　　　如果你把一支火炬扔进我的脑海，

　　　　我也会用血液把你负载。

　　那是眼的爱、耳的爱、嘴的爱、手的爱、心的爱、脑的爱、血液的爱、魂的爱、彻头彻尾的爱、完全融化的爱、忘我无私的爱——魂牵梦萦，不离不弃，至死不渝。

　　爱集中了这世上最多的"绝对"，虽然我们常说"绝对"的东西不存在——爱是绝对忠诚、绝对无私、绝对纯粹、绝对真诚、绝对深刻、绝对永远、绝对美好、绝对幸福……爱，是绝对的爱。

　　爱也是这世上包含了最多矛盾的东西，而这些矛盾在爱中却又是如此和谐统一地共生并存。爱是最难懂也最浅显的，最深沉也最活力的，最专一也最博大的，最温柔也最坚强的，最痛苦也最欢乐的，最感性也最理性的……爱是生命最基本的需要，也是生命最奢侈的享受。我们因爱而活，为爱去死。

　　我的一名聪慧过人的学生，在课堂里原创了一句诗："人们说，爱是生命的一部分，生命结束了，爱就结束了；而我觉得，生命是爱的一部分，爱结束了，生命就结束了。"不经意间，他对爱的理解与最优秀的英国诗人威斯坦·休·奥登不谋而合，有奥登的短诗为证——"爱，或死亡"。

　　情不同于爱。"情"是惆怅，"爱"是力量；"情"是欲望，"爱"是生命；"情"是趣味，"爱"是信仰。

心动难违

1995年版的BBC英剧《傲慢与偏见》中有一句很经典的表白台词，剧中长相英俊、气质不凡、魅力十足又充满傲气的贵族男子达西先生面对着自己心仪的女士伊丽莎白，犹豫不决、饱含羞涩，甚至略带结巴地表达了自己的心意："I...I...admire and love you.（我仰慕你并爱你）"而这在后来重拍的版本中似乎是一个被忽略的细节，长相同样漂亮的达西先生对伊丽莎白小姐的示爱变成了我们耳熟能详的"I love you（我爱你）"，其中遗漏了一个"admire（仰慕）"。

而对于一段美好的爱情而言，除了"love（爱）"，恐怕同时绝对不能缺少的就是这个"admire（仰慕）"。换言之，真正的爱情，不单是"我爱你"，也是我们常说的"我爱慕你"——"爱慕"与"爱"相比，多了一层倾倒，多了一种无可救药的怦然心动，多了一份近乎崇拜的"天命难违"。

"爱慕"二字比单独一个"爱"字更完整地诠释了"爱情"的真意——我对你的爱，不是因为你对我好，不是因为你长得美丽，不是因为你聪明过人，而是因为我无可奈何地就是被你吸引，就是莫名地觉得你充满魅力，就是想见到你，禁不住爱你。当我见不到你的时候，我能想出很多你不可爱的理由，比如你不够高挑、不够富有、不够温柔，有时脾气暴躁……可一旦见到你，我就无法抑制地只是想走近你，只是想拥抱你；即使我的自尊告诉自己"离开你""不要理睬你""假装没看见你"，我却依然忍不住踏过自己的自尊，健步如飞地奔向你，只要你一句话、一个微笑或只是看了我一眼。就是这样一个看似缺点斑斑的你，在我心里却是如此完美无瑕，甚至连那些他人公认为缺点的东西，也只是成了装点你的标志、你个性中的一些特点，与你的那些显而易见的优点一样令我莫名其妙爱不释手。"爱慕"二字比单独一个"爱"字更生动地勾画出了爱情的神秘：爱情就像一个不解之谜，你似乎没有什么特别，却成了我别无他求的唯一；你也谈不上什么明艳照人，但对我而言却是那样无与伦比的美丽。

"爱慕"一词揭示了爱情的这样一个真相：我爱你，因为我仰慕你，为你倾倒。爱情的起因不在于客观上你是否比别人更可爱，仅在于我只对你心存依恋、心怀向往，只希望与你朝朝暮暮长相厮守。就像禅师慧能所说的："不是风动，不是幡动，是仁者心动。"爱情亦如是，原因不在于你是什么人、说了什么、做了什么，恰恰因为不论你是什么人，说了什么或做了什么，我都为你心动。

在此，我就要澄清爱情中容易混淆的一对概念："心动"以及"感动"。如果你的爱源于感动，那么你的爱源于你被他人爱，你因被爱而爱，那不是你发乎灵魂之怦然心动的自发之爱，不是你心驰神荡之下的不自觉之情感，而是出自你清醒的理智，或者内心的歉疚。当一个人因为"受感动"而爱，那么你爱的不是他这个人，却是"他爱你""他对你好"这个事；你爱他，不是因为你为他魂牵梦萦，情不自禁为他奉献自己，而是因为你知道，他因你魂牵梦萦，他愿意为你奉献他自己；你爱他，恰恰因为他的爱伟大，你被他伟大的爱所震慑，却绝对不是因为你的爱有多伟大——这样的"爱"近乎施舍，或是报恩，或是感激，或是有良心，但那独独不是真正的"爱情"。

如果我们因为受一个人的感动而决定爱他，当我们把这样的感情回报称为"爱情"时，那恐怕是自欺欺人。那不是真挚的爱情，却更接近于"同情"或"怜悯"，可能源于我们不想辜负对方的爱，希望对得住他对我们的好，为了善待对方。但恰恰是这种"为了"、这种"对得住"、这种有意识的"善待"，却泄露了爱情的不真。"爱情"特别纯真，纯真得像一个病中的孩子会因为偶尔掠过窗外的一只小鸟而心生愉悦，他的欢乐不包含"占有"，不为任何目的，他的笑容只是因为他眼中的小鸟是那么美丽。爱情也是一样，"我爱你"不是什么深思熟虑的决定，也并非出于某种特殊的需要，甚至也不是一种选择，一切只是找不出理由的自然之举，一种近乎本能的非条件反射，自己无法控制，所以自己也难以拒绝。"爱"在不由自主的吸引中形成，在情难自已的牵挂中发展，一旦我们在爱中糅进了任何目的，即使这个目的饱含善意，这爱业已成了一种刻意之举，而背离了其自然流露的真性情。

"同情"绝非"爱情"的同义词，"心动"终不能被"感动"所替代。爱一个人，绝不是对一个人行善。当爱的感觉被一种道德感所取代；当"我爱你"不知不觉中演变为"我想我是爱你的"或者"我应当爱你"；当"你真美"的赞美逐渐变成了"你对我太好了"，当我们需要自己的理智时不时为我们提供种种必要充分的理由来坚定我们爱的信念时，这绝不意味着爱的升华，恰恰是爱的失落；这不再是"心爱"，却是无关乎"心爱"的责任；这不是全身心的热忱，不是理智与情感的自然统一，而是身不由心的服从，是理智对情感的说服。

感动之爱，在于对方值得我们去爱；心动之爱，从不问对方值得不值得。感动之爱，是在履行心中的道德、实践自我的良知；心动之爱，是在追求一生的梦想、实现自己的圆满。感动之爱，是一种自我牺牲，是我对你的付出作出回报；心动之爱，是一种自我成熟，不论你是否为我付出，不论你是否爱我，我的心都因为你而着火，这火燃烧着我前所未有的喜怒哀乐，即使我为你心痛，我仍然爱你，正是你带我找到了我的心，正是你让我摸到了我也有一个深沉的灵魂，正是你让我的生活不再"无所谓"，因为你成了我最大的"所谓"。若那是感动之爱，当我们辜负了它，我们的精神就此背上了歉意与愧疚；若那是心动之爱，我们不可能违背它，因为它将扯断我们自己的命脉、撕裂我们自己的灵魂。

"感动"不能生出爱，它生出义务或责任，"心动"是爱的起源，那是开在心里的花，只要心还在，就会花开不败。

找到你的"神"

一位研究宗教哲学的老师曾跟我说："当你爱上了一个人，你也就找到了你的神。"我相信他的话。"倾倒"也好，"神魂颠倒"也好，"朝思暮想"也好，"至死不渝"也好，这些形容"爱"的词语，无一例外，不正说明了"爱"的超凡入圣、不可思议吗？当我们不为利益、不求回报、毫无理由、全神贯注地"爱"一个与我们不带血缘关系的"外人"时，对我们而言，这个人除了是一个"神"，还能是什么？否则他如何能引燃这种令人飞蛾扑火般奋不顾身的热忱？如果这样的"爱"本身是一个令我们这些当事者都匪夷所思的"奇迹"，那么激发这个奇迹的那个人，怎么可能不具有神力？

"我爱你"这三个字不轻松，因为那是一个凡人对神的求告，是一个渺小者对完美者的倾心，是一个黑暗中的行人对太阳的渴慕，那是一种五体投地的顺服，是一份毫无保留的交托——我把自己的心，托付给了你；这意味着我给了你伤害我的权利，也教给了你让我心碎的秘诀——那是一颗心对另一颗心说的话。

　　反观一下我们的现代社会，不知道是不是因为经济生活的高效快进已然使得人们背上了太多的生活重负，本就不堪承受，不胜其累，以至于再多加上哪怕一点点的沉重，人们就面临崩溃。在这样的情形下，情感世界成了人们逃离重负的"避难所"，却不再是人们当仁不让、主动愿意为之承担重负的幸运；爱情成了人们业余的休闲，却不再是人们孜孜不倦的事业；爱人成了我们恋爱游戏的同伴、婚姻工作的合伙人，却不再是我们眼中的珍宝、心头的春意。

　　于是，"我爱你"变成了一个简易轻巧的表白。任何一个人的唇舌只要摆对位置，声带振动之下就能轻松地发出这三个字的标准发音，无须用力，无须多虑，无须担当，它可以是轻描淡写的一句戏言，可以是聒噪不堪的大声嚷嚷，可以是玩世不恭的调情，也可以是被欲望冲昏头脑时的胡言乱语。

　　当我们说"我爱你"的时候，那是什么样的一种"爱"？当我们自以为坠入爱河之后，我们有多少人曾经扪心自问：我是否足够了解他，是否足够理解他？我该怎样更懂他，怎样更好地去关心他、爱他？怎样更好地去保护他那部分纯真的天性？我该如何学习着完善自己，更温柔地奉献一个更好的自己？我该如何让自己在爱情中成长得更豁达、更清新、更懂得尊重、更勇敢地担当？我该做些什么，来配得上这个美好的他，来回报老天给我的这份幸运？

　　我们绝大多数人内心更关心的可能是：如何使他更爱我，

更在乎我，对我更好？如何使他爱我爱到不可自拔？如何使他需要我，离不开我，时时想着我？或者，如何能使更多人爱我、迷恋我、崇拜我？

弗洛姆在《爱的艺术》中说：人们常常会把"爱"与"被爱"混淆。事实似乎确实如此。

有一次我打开收音机，正好听到一个听众向节目主持人抛出一个老生常谈的问题："我爱一个人多于他爱我，而另一个人爱我多于我爱他，我该选择哪一个人做我的恋人？"主持人思忖片刻，给了一个同样老生常谈的答案："和你爱的人谈恋爱，和爱你的人结婚吧。"可见，在爱情问题中，我们多数人更倾向于选择那个"爱我的他"而不是那个"我爱的他"；或者说，多数人认为"爱情"无关于"婚姻"，那不是一种如婚姻般严肃郑重的关系。

偶尔我和几个要好的女朋友相聚闲聊，当我们无意间谈及选择男友的标准时，她们中的大多数将"他是否爱我"或者"他对我好不好"作为第一要素，而不是"我是否爱他"这个更重要的，甚至可以说是唯一的标准。当然，我完全理解她们，就像我理解我自己偶尔也会冒出与之相同的心声。但我们大多数人这样认为"爱情"，不代表"爱情"事实上就是这样的；我们认为理所当然的很多东西，最终都被证明是不正确、不明智的。

当我们不知不觉中将爱的问题转变为"被爱"的问题，

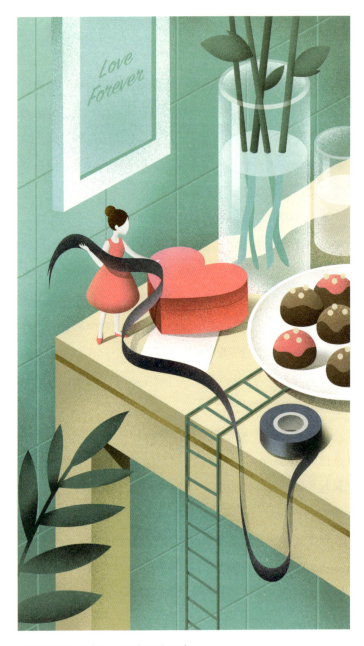

"我爱你"时我是永不衰竭的源泉；
"你爱我"时我是不劳而获的寄生虫。

当我们的爱情不再是"我爱你"，而是"你爱我"，那么我们口口声声的"我爱你"就在不知不觉中变成了一种诡计，我们在用"我爱你"这个诱饵骗取对方对我们的爱，这已经背离了"爱"的本意，那不是真正的"我爱你"，而是我征服了你、统治了你、占有了你；那不是意味着我会尽力去珍惜你、保护你、捍卫你，像珍惜、保护、捍卫我自己一样，而是在强调你要珍惜我、保护我、捍卫我，甚至要超过你对你自己的珍惜、保护和捍卫；那不是意味着我将用我的爱保护你灵魂的那双翅膀，从此以后，你可以更勇敢、更自由、更自信地去飞翔，因为有我陪着你一起飞、风雨无阻，而是暗示着我的爱为你的心上了锁，从此你应当主动放弃很多往昔的自由和独立，因为你要跟着我走，陪我穿越艰难险阻。

在这样的"我爱你"中，我们的爱不是在自我源源不断付出浓情蜜意、深思熟虑的过程中得到圆满，而是在一刻不停地索取、索取、索取，通过囤积他人的付出、吸取他人的元气来修炼自身的强大。用我一个朋友的话说："我爱你"时我是永不衰竭的源泉；"你爱我"时我是不劳而获的寄生虫。在爱的领域中，当我们将"爱"无形中转换成"被爱"时，我们正堕入自私而贪婪的渊薮；我们正从心怀虔诚的天使退化为永不知足的饕餮之徒；我们开始以爱的名义克扣我们的爱人；我们用"我爱你"这一钓钩垂钓着爱人更多的付出；我们挂在嘴边的"我爱你"为我们交易来更多实际的物质、体贴的关怀、真诚的牺牲；我们说我们在"爱"，实际上我们时时刻刻在权衡计算。

伟大的歌德对爱的解读是："我爱你，但那与你无关。"我对这话的理解是：我爱你，即使你不爱我。真正纯洁而美好的爱情一定不是用"我爱你"来交换"你爱我"，一定不是"我爱你"与"你爱我"之间的等价交易。道理很简单，我之所以爱你，不是你对我的要求，这不是一个我能够支配的选择，不是一件我可以随叫随停的事情，其实也不是一件你可以随叫随停的事情。那全然出于我的情不自禁、无法自拔，那是我无力违抗的宿命。诚然，我渴望你爱我，像我一样不由自主，像我一样全心全意，但那终究不是你必须承担的义务，不是你努力就能争取到的东西，不是单凭人力就能完成的"奇迹"。如果"我爱你"不是你命令我做的事情，我凭什么要求你为此付出你的爱？如果"我爱你"不是开始于我对自己的逼迫，我又有什么能力逼迫自己去停止？如果"我爱你"来自我无法操控的天意，那么我能做的只是等待着天意的流变，或是继续，或是终止……你若爱我，那是奇异的巧合、天赐的恩典。但既然"你爱我"不是你的主观意愿、我的主观意愿或者任何人的主观愿望所能决定的，那么若你不爱我，我又有什么可抱怨的呢？毕竟，这就是生活。

歌德这句话对我的震撼，在于从中我似乎领悟到：一个能专注地"我爱你"，而不计较"你爱我"的人，其心灵的力量无比强大。或者说，真正的"爱"不像我们以为的那样到处都有，它只是世间的稀罕之物，唯有那些灵魂的强者才可能拥有，才配拥有。这神来之"爱"与每一个"我"真正的融合就在那一句不打算收回的"我爱你"中，却不在"你爱我"中，那是爱与你的亲密接触，若我不爱你，我就不在爱河之中，爱火就没点燃我，在这一场爱情中，我看似重要，却只是一个"局外人"。只有当我胸中承载着高贵而美丽的爱，我才能分享它的高贵和美丽；只有当我被爱情的柔润光辉和看不透的神秘所包裹，我才会变得和它一样散发着神秘的闪光。那个时候，我即使没有得到"你的爱"，但我懂得了"爱"；我虽然因为你尝到了爱的不幸，但我却也因为你知道了什么是爱。

实际上，"我爱你"并不比"你爱我"吃亏，我们从"我爱你"中得到的也并不会比从"你爱我"中得到的少。事实上，爱之所以能令深陷其中的我们焕然一新，使我们满面桃花，并不是因为我们在被思念、被关怀、被爱；相反，是因为我们在思念、在关怀、在爱。当我们因为某一个人的声音而心潮起伏，当我们忍不住用目光追随着某一个人的一举一动而不知不觉中充满笑意，当我们将某一个人的甘苦当成自己的来对待，当我们拥抱着某一个人一如拥抱着整个世界，当我们牵着某一个人的手就像托住了自己的全部幸福，我们已然发生了完全的变化，在点点滴滴中造就了我们灵魂的"重生"。

我们自己都会惊诧于自己的不一样，而最大的转型就在于："我爱你"使我变得不再自私——"我"对"你"的爱使我的视线从自己身上移开，更多地转向了你，我不知不觉中在学习着用你的眼睛看这个世界，用你的思考去理解迎面而来的问题，用你的习惯来生活，用你的微笑来激励自己的斗志，用你的美来衡量一切的美。在"我爱你"的过程中，我的精神因为对你的爱而得到空前的扩展，它逐渐突破了自己这个身体、这个小小的皮囊，"你"不再是一个外在于我的旁人，你已经是另一个"我"，甚至是一个比"我"自己更重要的"我"。"我爱你"，使我们了解了自我的生命还有着一种成长的潜能，它还可以活得更富有、更宏大、更充实。

"爱"的基础是真正的尊重和爱护，像尊重自己一样尊重他，像爱护自己一样爱护他，换言之，"己所不欲勿施于他"。在爱中，是两条溪流的交织纠缠、同步缓进，是两个生命的互相参与、共同成长，灵魂上不存在强势与弱势。所以，"我爱你"，不代表我是你的奴隶；"你爱我"，也不代表我是你的主人。

爱情，归根到底，源于"我爱你"，止于"我不爱你"。对于"我爱你"三个字，慎重之。因为那不指向"被爱"，而是指向自我奉献，这样的自我奉献中不存在任何逼迫，如果说存在一点"不得已"的话，那么只是因为那是天命。"爱你"是我的责任，因为"爱你"是我的天性，所以只有"爱你"才是我对自己的负责。请你爱我，但是你有权利不爱。毕竟，

"我爱你，那与你无关"。不管爱的是谁，不管是不是成功，只要"我爱"过，我都比很多人幸运，"我的骄傲仅在于我曾爱过，仅此而已"。

爱情的三个元素

世界上最伟大的那些东西都很难定义，比如说什么叫作爱情？什么叫作道德？什么叫作真理？因为这些东西太大了，所以难以用一种人类有限的语言来加以定义。所以，我们没有办法给爱情下一个非常严格的定义，但是爱情有它一些主要的元素。

美国心理学家斯腾伯格就认为，爱情有三大元素——激情、亲密、承诺。但是这三个概念对于中文语系的人来说，可能比较难以理解，所以我借用了他的理论，然后把三个元素的名称调整成了——激情、理解、践行。我觉得一个完整的爱情，一个美好的爱情，必须要有这三大元素，缺一不可。

激情是爱情中最感性的一个元素，理解则相对来说是一个比较理性的元素，而践行，是把感性和理性落到实处，化为生活的事实。这三种元素缺一不可，因为只有当感性、理性、生活事实这三者同时具备的时候，你才能说你的爱情是全身心的爱情。

我们来一个个看，首先什么叫激情？

有这么一个人，点燃了你的爱意，使你产生了浓浓的兴趣和好感，你情不自禁地受到吸引，他的魅力让你无法抗拒。一看到他你就会心跳脸红，你移开了你的目光，却怎么也移不开你的心，这就是激情。

　　当他出现的时候，空间会发生凹凸，其他人都只是背景，只有他一个人凸显在背景之外。那一刻你只看见了他，听见了他，嗅到了他，其他人或事都恍恍惚惚，因为你恍恍惚惚。这就是激情。而当你筋疲力尽，什么也不想做，什么也不愿想，什么也不想听的时候，你却还是想见到他，还是很愿意听到他，他对你来说就是打鸡血，你总是额外地为他准备了一份热情。我学生时代的一个女同学，趴在宿舍的桌上不想做功课："好累啊！好无聊啊！好没劲啊！"这时室友跟她讲，那谁谁谁来电话了。她就一跃而起："真的啊！他几点打来的？哎呀，你怎么不早跟我说啊？"她就像打了鸡血那样瞬间满血复活，这就是激情。

　　我的一个朋友说，激情就是四个字——怦然心动。正是这怦然心动，点燃了你的爱情之火，使爱情中的你处于一种神魂颠倒的发烧状态。我们总说"陷入爱情中的人智商为零"，你想想，当你发烧的时候，你还有正常的智商吗？

　　但至今为止，却没有人知道激情从哪里来，正因为不知道，所以我们对它无能为力。为什么偏偏是他，让你怦然心动、热血沸腾，这是说不清道不明的。当你不喜欢一个人的时候，你或许可以找到一千零一个不喜欢他的理由。但是，当你喜欢一个人的时候，你会搜肠刮肚都想不明白自己到底为什么喜欢他。

当然从科学的角度，人们会说激情就是多巴胺。没错，当激情产生的时候，多巴胺也产生了。但是没有人能够解释，为什么偏偏见到这个人的时候，你的多巴胺才变得如此旺盛动荡、强烈起伏？虽然我们的科技越来越发达，我们破解的谜团越来越多，但是对于爱情中这一个神秘的"怦然心动"，我们却始终不明就里，它是我们整个知识体系中的一块盲区和一个无知。

正因为科学和逻辑理不清，所以世界各地的文化只能用各种神话传说来解释这个神奇的东西。于是中国人想象出"月老牵红线"，而西方人则创造了小胖天使"丘比特"。你去想，丘比特为什么是个小孩？他必须是个小孩，因为小孩更接近"非理智"，所以他射箭的时候，不遵守任何的逻辑与法则，他是贪玩的、率性的，有时他的箭可能仅仅是一场恶作剧。

这种非理智，说明了激情的特性，也说明了激情的另一个普遍"症状"——情人眼里出西施。可能对旁人来说，你就是个很傻的傻瓜，但是你对我来说，就是闪闪发光、魅力四射。我也知道你不怎么好看，我分析你的五官，也知道那不是黄金比例，是的，你不符合大众的审美观，可你却是我的审美标准，我就是觉得你美，就是喜欢你，我自己也没办法。这就是激情。

　　然后我们来看爱情的第二个元素——理解。

　　当你因为一个人而怦然心动，他就不知不觉成了你的一个好奇，你会对他产生兴趣，想去靠近他，了解他，读懂他。你会去他常去的地方，你会读他正在读的书，你想知道他喜欢吃什么，喜欢看什么样的电影，有些什么样的朋友，平时做些什么……你已经瞥见了他令你心动的那一面，喜欢上了这样一个他，而你现在又忍不住想看到更多的他，更全面地了解他和他的一切。

　　没有真知，哪来真爱？真正的爱，一定源于真正的了解。对一个人了解的深度，就决定了你爱他的深度。有些人，你喜欢他，是因为不了解他，真正了解了，你就不喜欢了——这样的关系只是一种模模糊糊的远观的美感，走近了便是一种伤害；当然，也有些人，你越了解他，就越喜欢他，越为他着迷，你发现他有很多不为人知的美好，这带给你意料之外的惊喜，你也更加确信这就是你等待的那个人——这样的过程看起来好像仅仅是你对另一个人的探索与发现，但在这个过程中，你自己的生命与情感也在不知不觉中注入，从一个心怀好奇的旁观者，渐渐变成了一个深情款款的爱慕者。唯有深知，才有深爱。我们知道，这世上有千千万万种人，所以没有一个适合于所有人的爱的固定模板，对水仙的爱和对仙人掌的爱，可能同样真挚，却需要用截然不同的方法。爱一个人也是一样，只有当你越来越懂他，懂他的天性，懂他的本色，懂他的内心世界，你才会越来越明白，对于这样一个他，这样的一片精神世界，你该如何更恰当地去爱，去关怀，是用水仙的方式，还是仙人掌的方式，还是别的方式。

在你越来越懂他的过程中，其实还有一件事也在发生——你会越来越懂你自己。当你越来越看清什么使你心动，什么是你的心之所爱，你也就越来越明白自己是个怎样的人。你深爱的品质，往往就是你渴望成为的自己。

当你因为越来越懂他而越来越爱他，并且因为越来越爱他而越来越懂你自己，你会发现，你越来越喜欢那个和他在一起的你，越来越喜欢那个心里有他的你，越来越喜欢那个深深地爱着他的你。当你不爱任何人，你的心就是空的，空荡荡的心是那么孤独；当你有了他，有了爱，你的心、你的生命就被充满了，你们的存在填补了各自灵魂的饥饿，于是孤独感就消散了。

平常当我们说到"亲密"这个词的时候，总会联想到一些身体上的亲密——接吻、拥抱、爱抚……其实除了精神之间互知互懂的亲密，哪里还有真正的亲密？身体的亲密终究不能消除两个精神世界之间的墙，而理解是灵魂之间唯一的桥梁，它能沟通两个原本互不相关的存在。当电流与电流接通，会带来驱散黑暗的灯火通明，在光明中，我们能看清一切；而当存在与存在相互连接，它接通的是一个精神的光源，带给我们内在的光明。在这光明里，你看清了——有人懂你，你也懂他，而透过你对他的懂，你更懂你自己了。当一个人被人懂，当一个人自己懂自己，他就不是孤独的。即使他是独自一人，他也不孤独，因为有一个懂他的人、懂他的心在看不到的地方与他相契，与他同在。

真正的爱情怎能没有深刻的理解，怎能缺少心心相印的懂？你若不懂他，你爱的又是谁？

在生活当中，我们看到很多恋人，曾经相识相爱、痴情狂热、山盟海誓、奋不顾身，但是后来却渐行渐远，最后走远了，走散了，人生轨迹从此无交集。可能你会感到疑惑：两个人不是明明很相爱吗，为什么爱着爱着却不爱了？他们不是明明有过一片痴心吗，可是为什么到最后，却也只是各自散去，从此相忘于江湖了呢？由此可见，一片痴情，并不等于一片深情。而长久的爱情，它需要的不只是痴情，还有你发自内心的一片深情。所以古话说"情至痴时方始真"，而不说"情至痴时方是真"。意思就是，真情始于痴情，但并不等同于痴情，这是两码事。痴情只是爱情的起点，却不足以维持长久的爱情。长久的爱情，必须要有痴情，但还需要有一些别的东西，让我们的痴情转化为深情。那这一点别的东西又是什么呢？是什么东西能够使我们从最初的那份怦然心动，从内心这种蜻蜓点水式的微波荡漾，最终变成生命交织、难舍难分的一片深情呢？

之前说过，人和人之间的喜欢有两类：第一类是，我喜欢你，因为我不了解你，了解之后就不喜欢了；第二类是，我喜欢你，因为我了解你，越懂你，就越爱你。而只有这第二类，才叫深情。所以，到底是什么样的东西，才能够转痴情为深情？正是爱情中的第二个元素——理解。当你懂他之后，依然痴心不减，你的痴情才会变成款款深情。

　　所以什么叫作深情？你了解他是个什么样的人，你爱的就是这样一个他；你了解他最真实的样子，你爱这个真实的他。你见过他最美丽的时候，也见过他最糟糕、最丑陋的时候；你见过他最能干、最得意的时候，也见过他最失落、最狼狈的时候。在他最失落、最狼狈的时候，你还是想拥抱他，还是想吻他，这个才叫作深情。你见过他最光明的样子，也见过他最黑暗的样子，当你见到他最黑暗的样子，你还是愿意接受这样一个他，并且去爱他，这个才叫作深情。你真的懂他，懂他是个怎样的人，懂他的好与不好，懂他那些和你不一样的地方，懂他很不完美，但你还是爱这样一个不完美的他，爱他这个真实的不完美的人，这个才是真正的深情。

　　我们很多时候在日常生活中所说的那种"爱"，其实跟这个是背道而驰的。你喜欢他，却只是喜欢他光明美丽的一面，当你了解到他黑暗或丑陋的一面，就不喜欢他了，就想放弃他。这不是爱，而是一时情绪化的痴迷，来得快去得也快。这种痴迷不管开始时多么狂热，也很快就会消退，只是时间的早晚而已。因为它是无根之木，它需要很多虚假的美好来喂养，它容不下真实。而深情恰恰是指撇去表层的浮华，去爱他的真实。还是那句话，什么叫作深情？撇开美好的一面暂且不谈，你要知道最黑暗的他是什么样，最无力的他是什么样，最狼狈的他是什么样，最坏的他是什么样，然后你再去爱他，爱真实的他。

我有一个朋友，他是个博爱主义者。请你别误会，他说的博爱主义，就是一个人应该爱世界上所有的人，善待世上的众生，对一切生命心存仁慈。有一次我和他聊天的时候，问了他这么一个问题："你的博爱让你爱世人，爱众生，爱万物；而你的爱情又让你很爱你的女朋友。那么这个博爱和私爱之间的区别到底在哪里？你对世人的爱，和你对你女朋友的爱，有什么样的差别？"当时我们在一个咖啡馆里，他的女朋友也在边上，我顺手指了指他女朋友和咖啡馆里的众人，问他："你爱他们，和你爱她，有什么不一样？"他转向了他的女朋友，回答说："我爱他们，因为他们是人；而我爱你，因为你是你。"完美的答案！我爱他们，因为他们是人，我把他们当成"人"来爱——一个人应得的尊重、应得的善待，我给他们；而我爱你，因为你是你——这里面有很深的理解，很深的懂，所以有很深的爱。所以，到底是什么样的东西，能使一片痴心转变成深情款款？一个字——懂；两个字——理解。

这就解释了我们之前的那个问题——两个原本相爱的人，

为什么到后来就越走越远了呢？之前是那样浓情密意，为什么在生活中历经世事之后，慢慢就相互不爱了呢？我们可以尝试用这个理论来解释一下。

第一种可能，这两个人之所以相爱，本就是因为不了解，爱的就是对方的表象——你觉得他好看，你看到了他的美丽与光明，于是你爱上了他。然后为什么不爱了呢？因为真实生活中，他并不总是光明美丽的，有一天你看到了他的黑暗，看到了他的丑陋，你就不爱了。因为你爱的是表象，所以表象散去了，你也就不爱了。

还有第二种可能，这两个人刚开始时，确实是互知互懂、相互理解、惺惺相惜的。但是渐渐地，伴随着时间的流逝，错综复杂的人际关系，此起彼伏的诱惑和日常生活琐事的消磨，两个人精神世界的成长开始不再同步了。或许他们的生活作息、饮食习惯都是同步的，但精神上却越走越远，距离远到一定程度，就没话说了，也就是我们常说的"没有共同语言"了。当两个人的精神成长开始不同步，一个走得快，一个走得慢，所思所想都不一样，自然就没话可讲了。就算讲了，也是不懂，反倒有可能引来不必要的误会，所以不如不讲。不讲的时间长了，精神上的距离就更大了。慢慢地，吃着同样的饭菜却各做各的梦，居住在同一个屋檐下，却我看不懂你，你看不懂我。当两个人互相不懂，还要在一起生活，是很难有热情的，剩下的往往是冷感，凉凉的冷感，成为同一屋檐下的陌生人。

所以，我们说"自爱基于自知"，一个人要真正了解自己，才能学会如何去爱这个真实的自己。同样地，真爱基于真知。一个人要深爱另一个人，就要首先深刻地了解这个人，然后在了解的基础之上，好好地爱这个人。

我看过一部电影叫《21克》，是讲一个大学教授，移植了别人的一颗心脏，等他活过来之后，他发现自己再也不是原来的自己，他不知不觉走上了为他移植心脏的那个人的道路，爱上了那个人深爱的女人。据说有人做过实验，人死去之后，体重会减轻21克，所以有人就说人灵魂的重量是21克。这部电影就是借用了这一说法，把它作为电影的名字。电影追问的其实就是这样一个问题，当你的身体里面，装了一颗别人的心，你还是你吗？还是说，你已经成了他？

我有一对男女朋友，他们一起看了这部电影。女孩子看电影的时候，经常喜欢身临其境，把自己往情节里套。于是这个女孩就问她的男朋友："如果有一天，你移植了别人的心脏，那你会爱上别人吗？"她的男朋友回答："我还是会爱上你的。"女孩就追问："为什么呢？你都已经过上了别人的生活，为什么还会爱上我呢？"她男朋友说："因为我的灵魂，会在人群中辨认出你的灵魂。"所以，爱的本质是什么？"我爱你"这句话，其实是在说——我爱你的灵魂。所以当你的肉体老去了，我还是爱你的灵魂。当你有一天变得面目全非了，我还是能在人群中，用我的灵魂辨认出你的灵魂。

最后我们来讲讲爱情的第三大元素——践行。

一个人心里总是有一片很深的善意，但他却从来不把它落实为行动，那就不是真正的善。同样，如果一个人空有爱心，空有爱意，却从来都没有践行，没有爱的实际行动，那也不是真正的爱。

比如，我经常对你说"我爱你"，我也觉得我真的很爱你，但是我从来不愿意跟你同甘共苦，也从来不愿意为我们的爱情而战斗。当爱情出现挫折的时候，我脑子里经常想的是放弃——放弃这段感情、放弃你。这就是我所说的，空有爱意，却从不践行。这种情况，在日常生活中也挺多的。

又比如，我经常对你说"我爱你"，我也觉得我真的很爱你，但是我却从来没有很多的时间留给你，我总是有更重要的事情要做，比如我要学习，要复习考试，要参加聚会，要去实习，要跟领导见个面……是的，我很爱你，但是我从来没有多少时间留给你，这也是空有爱意，却从不践行。

还有一种情况，我觉得我很爱你，我是如此地爱你，深刻地爱你，所以我常常情不自禁地说"我爱你"，但是我对你保留了最多的秘密，我对你最不坦诚。这也是空有爱意，却从不践行。

还有一种情况，我说"我很爱你"，但是我从不认真听你的倾诉，从不想要深刻地了解你的心事。在我作任何重要决定的时候，我想到的只有我自己，我很少真正为你着想，很少把你放在我人生计划的重要位置……这也是空有爱意，却从不践行。

这样的人在我们生活中可多了，这样的爱也可多了。所以，对于真正的爱情，践行非常重要。你爱我是吧？你要对我好是吧？你要给我幸福是吧？那就说到做到！Just do it！重要的不是说，而是真正有所行动。不是当你说出"我爱你"这句话的时候，爱情就终结了，"我爱你"只不过是爱情的开始，重要的是接下来你要有爱的行动。爱的行动，才是爱的证明，没有行动，一切都是空洞。所以真正的爱情，就是你要真正为对方着想，真正给对方时间与关怀，很多时候，他的利益就是比我的利益更加重要，这才是真正的爱情。

我们来借用一下《圣经》当中爱的誓言，当基督徒结婚的时候，会有一个神父，或者一个牧师，主持他们的婚礼，问他们这么一段话：你是否愿意与他（她）结为夫妇，爱他（她），守护他（她），像对待你自己那样对待他（她），不论生病还是健康，贫穷还是富有，不离不弃，直到死亡将你们分开？

我们来分析一下这个誓言。首先，你是不是能够做到，像对待自己那样对待对方？你自己想要自由，就给他自由；你需要别人理解你，就给他理解；你希望他能信任你，就给他信任；你痛苦的时候需要安慰和支持，就给他安慰和支持。所以这就是爱的行动——对他好，像对待自己那样去对待你的爱人，爱他如己，这是第一点。

第二点，爱的誓言中还说，无论是疾病还是健康，贫穷还是富有，你是否能做到对他不离不弃？这才是考验爱的行动。你想想看，他又健康又富有，你当然不离不弃了，所以这句话的重点是，当他患病的时候，你是不是还对他不离不弃；当他贫穷的时候，你是不是愿意跟他同甘共苦？这才是爱的行动。什么是爱？《说文解字》对"爱"的解释是"行貌"，是一路同行。什么是一路同行？就是不离不弃，可离可弃的都不是深爱。什么叫作不离不弃？他就是另一个你，你要像对待自己那样对待他，直到死亡将你们分开。你要知道这世界上，充满了美好的男人和女人，你是否准备好弱水三千，我只取这一瓢饮，真正地始终爱他，就像对待自己那样去对待他。这才是爱的行动、爱的践行。

然后，当神父和牧师说完这段话之后，如果你同意的话，就要说"Yes，I do"。请注意，这里说的是"Yes，I do（是，我就这么做）"，而不是"Yes，I will（是，我将会这么做）"。因为"will"这种事永远不要说，将来的事情是说不准的。"Will"说的是将来，而将来就是"从来不来"。所以这里会说"Yes，I do（是，我就这么做）"，我觉得我们中文的翻译更棒——"是的，我愿意！"这世界上，你以为最美好的三个字是"我爱你"吗？不，这世界上比"我爱你"三个字更美好的就是"我愿意"。你患病,你贫穷,我愿意跟你同甘共苦,我愿意对你不离不弃,这个才是爱。什么叫作我愿意?不是因为一纸婚姻强迫我这么做,不是因为社会舆论要求我这么做,而是因为我心甘情愿,我甘之如饴,这个才叫"我愿意"。所以,"我爱你"其实就是"我愿意"。有一天你重病了,我愿意守着你;不管你发生了什么,我都愿意在天黑的时候,带你回家。所以"我愿意"大于"我爱你","我愿意"才真正体现"我爱你"。

以上三大爱情元素,看上去好像彼此独立,但其实是环环相扣、缺一不可的。爱情是全身心的,激情、理解、践行——"激情"意味着我爱上了你,"理解"意味着我懂你,"践行"意味着我愿意陪你一路同行,不离不弃。只有当这三者合并在一起,才叫全身心,只有这三个要素都存在的时候,才有了"我爱你"。

"我们"的诞生

很久以前,我看过D·H·劳伦斯的书,他是这样形容爱情的:"之前,你是一条河,我是一条河,当我们认识之后,两条河交汇到了一起,从此以后,分不清哪条河是你,哪条河是我,因为我们汇成了一条河,叫作我们。"当时我觉得这是非常朴素的一句话，却说得非常非常动人。所以什么是真挚美好的爱情，那就是在这段爱情关系当中，没有非常鲜明的我，没有非常鲜明的你，但是有一个非常鲜明的我们。换言之，在这个美好的爱情关系当中，你也是我，我也是你，我们不分彼此。你的幸福就是我的幸福，你的痛苦就是我的痛苦。别人对你好，就是对我好，就是对我们好；别人欺负你，就是欺负我，就是欺负我们。

这才是真正美好的爱情，因为它有一个"我们"在。所以，当你真正爱上一个人的时候，你的"小我"是会瓦解的。但你不要以为它是一件坏事情，你不用去死死守住自己的那个"我"，担心没有"我"了怎么办？"忘我"了怎么办？在真正的爱情当中，"小我"是会瓦解的，但是它以"我们"这种更大更新的方式，获得了重生。什么意思呢？那就是当你真正爱上一个人，你在想很多事情的时候，自然而然会越来越少地想到你自己，而越来越多地想到"我们"。所以当两个人真正相爱的时候，你去听他们的对话，说的都是"我们的生活，我们的未来，我们的家""等我们老了以后""将来我们有孩子了"……这是非常自然的一个过程。为什么呢？因为在真正的爱情过程中，你已经不知不觉地跟他融为一体，不分彼此了。所以你想到未来的时候，想到的都是"我们的未来"，不管我怎么规划我的未来，我未来的图景里总有一个你。你会发现，你规划未来的时候，场景总会变化，可能在美国，可能在巴黎，可能在上海，可能回到了家乡，但不管场景怎么变化，有一点是不变的——我们总是在一起。这个才是真正的爱情。

西方有一个传说，上帝造人时，每一种材质只制造了两个人，从此人类就用尽自己的一生，去寻找与自己同种材质的那个人。与之相似的是，我们常把爱人称为自己的"另一半"，这似乎就意味着在爱情中，你与我不再是彼此孤立的"二者"，而是难分难舍的"一体"。单独的一个我，或单独的一个你，其实都只是残缺的半边，当我们在生命中相识、相知、相爱，当我们全身心"合二为一"，我们也就找到了自己的那个"另一半"，结束了往昔寻寻觅觅的漂泊不定，实现了共同的完整，回归于那从生命本源处流淌至今的最古老的、最原始的人类命运。

在西方的传说中，女人是男人的一根肋骨，是男人身体的一部分。如果没有这根肋骨，男人即使看起来再强大，仍是不完整的，生命仍有缺憾。同样地，女人若没有找到那个化生出自己这根肋骨的男人，即使再美丽灿烂，也很难获得真正欢乐幸福的生活。爱情中的双方，就像一对天造地设的齿轮，无论是精神还是身体，无论在时间这条履带上转动多久，彼此总能凹凸相应、长短互补、紧密咬合。

所以每一个正在找对象的人，在结束你的孤狼生涯的过程当中，不要渴望去寻找一个完美的人，觉得他必须要这样，要那样，要具备ABCDEFG这些条件。你要想想，你自己完美吗？你要是不完美，那你配得上完美的人吗？不要试图去寻找一个完美的人，因为在完美的人身边，你是多余的，完美的人不需要别人。所以，爱情不是你和一个完美的人相爱了，而是他爱了你之后，他才更趋完美了。

爱情就是两个不完美的人，共同创造一个完美的关系。这段完美的关系，蕴藏着无穷的力量，所以爱人之间是可以做出很多特别富有创造力的、奇迹般的、超乎常人逻辑思考能力的事情的。

我很喜欢一本书，叫作《爱的艺术》，作者是弗洛姆。弗洛姆的妻子得了癌症，只能一直坐在轮椅上，她需要有非常非常严格的作息制度和非常苛刻的饮食规律。他的一个学生记录说，那时弗洛姆和他妻子，年纪都已经很大了，是六七十岁、白发苍苍的老爷爷老奶奶。但是，当弗洛姆见到他轮椅里的妻子的时候，就像一个满怀爱意的年轻男孩看到自己当年那个心爱的年轻女孩一样，眼神里全是柔情。他对他的妻子说："亲爱的，不是你生病了，而是我们生病了，我们一起来克服它，我们能克服的。"你看，情至深处，不再有你，不再有我，你的苦难就是我的苦难，你的病痛就是我的病痛。不是你生病了，是我们生病了，所以我们一起来克服，我们能克服的——爱能克服的。

弗洛姆自己是个身体健康的人，但他后来整个的作息制度和饮食规则，完全是根据他太太来操作的。以至于他的

死亡是强大的，最终能带走所有人的鲜活生命，
而堪与死亡相抗衡的唯一对手，便是"爱"。

学生说，时间长了之后，弗洛姆自己的身体都受到了影响，但是他还是这样坚持，因为不是他的妻子生病了，而是"我们"生病了。

还有一个故事，来自一本小书，叫作《致D情史》，作者是法国的哲学家安德烈·高兹，D是指他的妻子多莉娜。多莉娜患了癌症，将不久于人世，于是84岁的高兹，为自己心爱的、将不久于人世的妻子多莉娜，写了这封长长的情书，这封情书就是《致D情史》。全书大概有六七万字，记述了两个人在长达60年的感情经历中的一切。当他写完这本书后，他们就打开了煤气，共赴黄泉。在平静、理性和深情的叙述之后，他决定用这种方式"执子之手，与子偕老"。这是他全书的最后一段话，也是他生命的最后一段话：

多莉娜，很快你就82岁了，身高缩短了6厘米，体重只有45公斤，但是你一如既往的美丽、优雅，令我动心。我们已经在一起过了58个年头，而我对你的爱，只是愈发浓烈了。我的胸口又出现了这恼人的空盲，只有你灼热的身体依偎在我的怀里时，这种空盲才能被填满。在夜晚的时候，我有时会看见一个男人的影子，在空旷的道路和荒漠中，他走在一辆灵车后面——我就是这个男人，灵车里装的就是你。我不要参加你的火化葬礼，我不要收到装有你骨灰的大口瓶，我专注于你的存在，就像专注于我们的开始，我希望你能够感受到这一点。多莉娜，你给了我你的生命，你的一切，在剩下的日子里，我希望我能给你我的生命和我的一切。我听到凯瑟琳在唱世界是空的，我不想长寿，于是我醒了，我守着你的呼吸，我的手轻轻掠过你的身体，我们都不愿意在对方去了以后，一个人继续孤独地活下去。我们经常对彼此说，万一有来生，我们仍然愿意共同度过。

这就是《致D情史》——没有你的世界，我不想要；没有你的未来，我受不了。

死亡是强大的，最终能带走所有人的鲜活生命，而堪与死亡相抗衡的唯一对手，便是"爱"。死亡不能带走爱，不能稀释爱，不能消灭爱。相反，爱超越了生命，所以超越了死亡。爱抓不住逝者的呼吸，却拥有逝者的灵魂。爱使我们生而完满，所以死而无憾。爱使生命放光，连死亡也跟着沾光，不再显得那么黑暗可怕。爱是灵魂燃烧的火，除了灵魂的消散，没有什么能将它熄灭。《圣经·旧约》的《雅歌》说到"爱如死般坚强"，可能就是这个意思吧——生命可死，爱永生。

形散而神聚

前面说过，在西方的传说中，上帝抽出了亚当的一根肋骨创造了夏娃。爱情的神奇之处就在这里，你活在我的生命里，也活在我的身上。所以，对你忠诚就等于对我忠诚，关心你就等于关心我自己，你开心就等于是我开心，你伤心就等于是我伤心，就是所谓的爱情——不同的身体，同一个灵魂，独立而相爱。

我们小时候学散文，当时老师说散文"形散而神聚"。我觉得爱情也是这样，形散而神聚。我们可能在不同的教室上课，但我心里有你，你心里有我。我们各自笔记上记下来的东西，各自听到看到的趣闻和伤心事，我们会一起分享。这个就是形散而神聚。我们可能在各干各的事情，但是空气当中有一种我们的共振，只有非常非常敏感的人才能感觉到我们的这种共振，这就是不同的身体，同一个灵魂。

我由此想到了杰出的奥地利籍犹太人小说家斯蒂芬·茨威格。他在二战中遭纳粹驱逐，先后流亡英国、巴西。1942年，他在孤寂与理想破灭的绝望中，与妻子阿尔特曼在里约热内卢近郊佩特罗波利斯小镇的寓所内，双双服毒自杀。我读过茨威格自杀前两个月给第一任妻子和孩子写的信，信中可知，他是经过了清醒的思考、慎重的斟酌之后，才决定以这样一种自尊而正当的方式结束自己心灵的漂泊，离开这个世界，回归记忆中的那个欧洲——那个精神的故乡。我一直没有找到他的第二任妻子阿尔特曼的相关内容，但我难以忘记一张他们两人临终时的照片：一个简单朴素的房间里，茨威格衣着端庄地平躺在床上，身边侧卧着妻子阿尔特曼，她的头枕着茨威格的左肩，两人的手相握在一起，看上去只是拥抱着睡着了，但他们永远都不会再醒了。床边的桌子上放着一瓶苏打水。在这张照片中，阿尔特曼的形象让我想起了一句话："你去哪儿，我就去哪儿。我不在乎上天堂，还是下地狱，有你的地方就是天堂。"无法不专注，难以不忠诚，可能爱的神圣性就在于此吧。

还有一位法国诗人叫阿拉贡，他有一首诗名叫《爱尔莎》。爱尔莎是他去世的妻子，在爱尔莎去世之后，阿拉贡所有的诗歌似乎都是在缅怀爱尔莎。我记得这首诗的最后一句是："如果我有什么值得骄傲的话，那就是因为我曾爱过你，仅此而已。"当时有一个记者去采访阿拉贡，他说，自从爱尔莎去世之后，阿拉贡就忘记了怎么笑，爱尔莎带走了阿拉贡的笑容。

这就是形散而神聚。两个人的感情真的很深的时候，不一定非要天天黏在一起，而是可以形散而神聚的。你可能在做着自己的事情，但你心里是带着他在做这个事情；你可能独自去了某一个地方，但你心里是带着他去了那个地方；你可能在看这个世界，但是你在用你的眼睛看这个世界的时候，也在用他的眼睛看这个世界；你在吃每一个好东西的时候，都想让他也尝一尝；你看到每一个你喜欢的、让你发笑的事情和人的时候，都会在心里面默默记下来，因为你想跟他分享。

上海以前有一所很有名的大学——圣约翰大学，1952年解散了。解散之前的那些学生，时至今日，仍然会定期搞一次全球的校友会。有时候在新加坡，有时候在日本，有时候在上海，有时候在纽约。有一位老先生，他和他太太都是圣约翰大学的学生，但他的太太已经过世了。老先生有一个很奇特的地方，每次参加校友会的时候，他们都会发一些小红花、小礼品，证明你来过了。这位老先生每次去签到的时候，都会拿两份，回去之后就把小红花别在他太太的照片上。

这就是形散而神聚。我做任何事都是心里带着你去做的，我去参加校友会，也不是我一个人去参加校友会，而是我们一起去参加校友会。我在活我的人生，同时我也用我自己活出你的人生。哎呀！真的感情，是可以深成这个样子的——我用我的心来替你感受生活，我用我的生命来活出你的生命。

苏东坡在诗里写："十年生死两茫茫，不思量，自难忘。"什么叫"不思量，自难忘"？就是你根本不用刻意去想他，你永远无法忘记他，因为他无处不在！那些需要你刻意去想的人，他一定不是活在你骨子里的人，不是活在你生命内核里的人。那些生命内核里的人，就是我们说的"心上人"，是活在你心里的那个人——"不思量，自难忘"。

我认识的另外一位老先生，也是这个样子。他每过一段时间就要跑到他太太的墓地去，跟他太太聊聊天，有时候一边说着一边就哈哈哈地笑了。为什么呢？因为他碰到了生活中很有趣的事情，他觉得他太太也会笑的。

爱的最高境界，除了"为爱而死"，还有"为爱而生"。与"为爱而死"同等境界的，就是"为爱而生"。我的爱人死了，我也陪他去死，这个境界高吗？高的。我的爱人死了，我替他去活，这个境界也是高的。我用我的生命活出他的生命，我替我们去活，这个也是最深的爱。

爱其所是

激情令人振奋，痴情令人沉醉，但是激情和痴情有一个特征，它就是古希腊神话中的酒神，人在激情和痴情中，是处于癫狂状态的，活得不真切，看得不真切，处在半醉半醒之间。所以，当你处于热恋阶段，内心激情澎湃，你喜欢的这个人很可能不是真实的他，而是你虚构出来的他，你把所有优点都集中在了他的身上。很多时候，尤其当一个人单身的时间太长，积压了太多爱的能量，好不容易盼到了某一个人出现，你就会一下子爱上他。但这个时候，当你蓄积已久的爱的能量全然倾泻到他身上的时候，你很可能没有把他当成一个真实的人，而是把他当成了你心目中的某个理想对象，所以这时你不是爱上了他，而是爱上了自己的感觉，爱上了自己的梦。

人在痴情和激情阶段，往往是看不真切对方的，你看到的他没有缺点，是个完美的人。可是，完美的人存在吗？不存在。所以你看到的他不是个真实的人，而更像是一个神，你对他的爱更像是一种崇拜。每个人在热恋阶段都是这样的，所以每一次热恋都是一次"造神运动"。

这也就可以解释，为什么人一谈恋爱都会自卑。不管你起点有多高，不管平时大家是不是都觉得你是特别好看的男神女神，你在恋爱中都会自卑的，会觉得自己配不上对方。不管你多么伟大，多么了不起，哪怕是名垂青史的响当当的人物，比如歌德、拜伦爵士，一旦坠入爱河，你也会是自卑的。

所以，我要纠正的是，如果你在恋爱阶段觉得自卑，那太正常了，这再次印证了你是真的喜欢这个人。你的自卑是必然的。为什么呢？因为当他是个神，而你是个人的时候，人面对神，只能是自卑的，你只能跪求，只能崇拜，这是再正常不过的了。所以人在恋爱阶段都会觉得自卑，觉得自己这个不好，那个不好，平时再自恋的一个人看到喜欢的人，都会觉得自己配不上他，担心他会不会看上别人，担心所有的异性都是你的情敌。人在热恋阶段都会有这个状态。

你还会发现，在热恋阶段，你会不断地问对方"你到底爱不爱我"，就算他说了爱你，你还会不断地追问他"你到底为什么爱我""你爱我的什么"……你为什么要问这么多？其实你就是想一遍一遍地得到确认，确认他是爱你的，这让你心里更踏实，你其实只是想获得一个心安，仅此而已。

　　但是，"神坛就是祭坛"。你把谁推上了神坛，其实就是把谁神化，或者妖魔化。是神或是妖魔，还不就是看你的立场，看你的偏好吗？所以"神坛就是祭坛"，看上去你把一个人神化，和你把一个人妖魔化，肯定是不一样的，但其实它们在实质上是一回事，就是——你没把他当个"人"来看，他对你来说不是一个真实的人。而真正去爱一个人，不是要把他当神来爱，而是要把他当成一个真实的人来爱。真实的人有很多脆弱，真实的人有很多缺点，真实的人是不可能完美的。所以你真正爱一个人，不要把他当作一个完美的人来爱，也不要把他当成一个神来爱，觉得他毫无瑕疵、全是优点、高高在上。你以为你是在爱他，其实你是在剥夺他的人性，剥夺他真实而不完美的权利。真爱不是把对方当成神来爱，否则对方的压力会很大的，谁能够长期扮演"神"啊？他如果成不了神，那就只能做骗子了。不是吗？

　　所以，真正爱一个人，就把他当成一个真实的平常人来爱。用平常心看待他，用平常心对待他，用平常心爱他——爱这个平常的人，爱你心中这个平常的女孩或男孩。他有缺点太正常了，他会做错事太正常了，平常人就是有缺点的，平常人就是会做错事的，对不对？

有一部英国电影，叫作《BJ单身日记》。里面的男主角是霸道总裁型的完美绅士、万人迷，而女主角则长得矮矮胖胖，按照现在的审美标准，不是很性感，不是很迷人，不是风情万种的那种。她一直觉得那个男主角不会看上她的，因为两个人看起来一点也不般配。实际上，男主角很喜欢女主角。他很腼腆，不知道该怎么向她表白，后来他就语无伦次，结结巴巴地对女主角说了这么一句："I love you as who you are"——我爱你，如你所是。

我爱你，不是因为你完美。我爱你，就因为你是你，我爱的就是这个你，我爱的就是真实的你。这就是I love you as who you are，我爱你，如你所是。

我觉得这才动人啊！我爱你，因为你是你，换个人我就不爱了，哪怕他比你完美，比你有钱，哪怕他在别人眼里比你更有魅力，但是我爱你，爱的就是你，因为你是你，如你所是。真爱就是这样的。

在这里要注意一点，I love you as who you are，它有一个前提，我至少要先know who you are吧？我要先了解你到底是个什么样的人，才能够爱这样一个你吧？所以，爱一个人的前提就是懂他，在懂他的基础上更好地去爱他。所以我们之前说过一句话，唯有真知才能带来真爱。如果你根本不懂我，又凭什么说你爱我？你爱的是糖，但你不知道我其实是盐，你老想让我拼命地变甜，但我的真实味道其实是咸；你爱的是空中的飞鸟，但我却是海中的一条鱼，你爱我的方式是要我展翅飞翔，却不知道我的人生本该是一场深海的悠游。你根本不懂我，凭什么说你爱我？你想让我成为我所不是的那个人，你凭什么说你爱我？你有什么权利用这种方式来爱我？唯有真知才能带来真爱，如果你不懂我，你爱的真的是我吗？

生活中我们常把一种强烈的爱说成是"恨铁不成钢"，但在真爱中，不存在"恨铁不成钢"。如果你真的爱他，你了解到他是一块铁而不是一块钢，那么你会把他当一块铁来爱，让他自由地成为一块铁，并且因为你的爱而成为这个世界上最美满的一块铁、最幸福的一块铁。

如果你爱的是钢，发自内心地爱钢，而你了解到他是一块铁，那么请你放过这块铁，不要用你所谓的"爱"强行把这块铁锻造成你理想中的钢，他没有这个义务，也许也根本没有这个天性和意愿去成为你想要的钢。如果你爱的是钢，而他是块铁，请你放过他，请你继续去寻找、等待、追求你的那块钢，而让这块铁安安静静地等待那个真正爱他的人，那个发自内心珍惜和善待这块铁的人。

我们都了解，人们对"爱"充满误解，总是在用爱的名义滥用爱。对爱的滥用当中最常见的一种，就是用爱的名义来强加自我的意志。"恨铁不成钢"就是这样一种强加意志，谁告诉你我非要成为钢不可？谁说钢就一定比铁更可爱？

当我们强加意志时，经常用到一个完美的理由——"我是为你好"。我告诉你，你应该这样做，应该那样做，为什么呢？我这一切都是为你好。但请想一想，我所认为的"好"就一定是真的对你"好"吗？我说我是"为你好"，可你真的觉得好吗？你到底是不是更好了，这件事由谁说了算呢？是以我为准，还是以你为准呢？

所以，真正的爱，不是强迫你成为我想让你成为的样子，而是我用心地读懂你，然后尽心尽力帮助你成为你自己。真正的爱不是把你变成你所不是的人，而是深刻地了解你，然后让你做你自己，让你活成真实的你。

当我们谈论美好爱情的时候，经常把它说成是一个完美的圆，是两个不完美的个体共同创造出的一段完美的关系。其实你要知道，真正完美的爱情不是一个圆。一个圆，只有一个圆心，只有一个自我，在一个圆当中，你会发现一个特别坚固的、特别大的自我。而真正完美的爱情里不存在一个自我中心的人，没有人是那个唯一的圆心，没有人是那个唯一的自我。真正完美的爱情，应该是一个椭圆，它有两个圆心，一个是你，一个是我。我们会为对方着想，而且不只是从自己的角度为对方着想，也会站在对方的角度为对方着想。

所以，同样是"为你好"三个字，却可以是截然不同的爱。第一种"为你好"就像我们把植物用钢丝强行拗成我们觉得好看的姿态，这是因为我不懂你，我不知道什么是真正对你好，于是我就把你变成我自己觉得好的样子，这其实是一种强加意志，自私又自以为是；第二种"为你好"就像我们了解了一种植物的天然属性，然后顺着它的长势给它滋润与阳光，这是我真的懂你，然后从你的角度出发，为你着想，帮助你成为真实的你，成为更美好的你，这才是道法自然，才更接近于真正的爱。

我们总说，爱一个人，就要保护他，不让他受伤害。是的，保护他不被别人所伤害，更要保护他不被我所伤害。

深爱不变

我们日常生活当中，常常有这么一个误解，就是我们觉得日久年深的爱情，会自然而然归于平淡，最终必然走向亲情。为什么呢？我们常说，两个人相爱时间长了，就是左手握右手，没感觉了，只是一种习惯了。我们很多时候对于这种现象的解释就是：激情消退了，热情不再了，没有你侬我侬了，爱情变淡了。真的是这样吗？

我的运气很好，身边总是有一些非常恩爱的老先生老太太。我认识的一对老夫妇，感情就特别好。有一次他们两个去登山，从山上下来，热得不得了，大汗淋漓。结果上车后，待他们俩坐定，你知道老先生做了一件什么事情吗？看到老太太满头大汗，老先生就拿了条毛巾出来帮她擦汗，一边擦一边把她额头上的碎发撩到耳后。这个动作太迷人了，多么浪漫！那叫什么？那就是激情。我们年轻人不懂，以为激情总是激烈狂放的，其实在老先生这个动作里面，就藏着万千爱意和说不尽的宠溺。

激情是一个人内心翻腾涌动的热潮，是一种深深的眷恋。你以为它必须是汹涌澎湃的表达方式吗？不是这样的。汹涌澎湃的激情说明不了两个人感情深，倒有可能反衬出感情浅。因为只有感情浅的时候，才需要用外在形式的剧烈夸张来弥补两个人灵魂交错的深度。日久年深的爱情仍充满激情，它只是变成了另外一种更为温润细腻的表达方式。

我还认识一位女音乐家，她结婚的时候40多岁，她的丈夫50岁，他们都是第一次结婚。你们想想，她等了40多年，就是在等他；而他等了50年，就是在等她。年轻人之间的那种火辣辣的激情，在他们身上很少看见，但是你会感觉到他们之间有一种很浓很深的热情。当他们与朋友聚会时，无论那位女音乐家走到哪里，她丈夫的目光都会不自觉地跟到哪里，而他的目光里，一直有一种深深的笑意，他脸上没有笑，但是他整个人化成了一个笑意，化成了一个微笑，他的妻子就是他心里最深的喜悦。这就是发生在他们之间的属于他们的一种激情。

所以很多时候，我们以为爱的时间长了，感情就淡了，激情就没了。错了错了，不是淡了，恰恰是深了，深到骨髓里去了。因为太深了，所以表面上你是看不出来的。很多时候，我们以为激情就是怀着一种激动的心情，四目相望，互相说一句"我爱你"，我们觉得这才是激情。其实不然，这世上最深的激情，是两颗心之间的默契。什么叫作默契？默契就是心意相通，精神共振，融为一体，就是两个人永远在一个频道上，在精神上无缝对接。这才是默契，而默契才是最深的激情。

当然也有这样的可能，两个人相处久了，时间长了，就真的没有激情了。我们说过，激情是爱情的必要元素之一——有激情不一定就是爱情，但没有激情一定不是爱情。激情走了，爱情就只剩下理解与行动了，这种关系更像是友情或亲情。所以当你的"爱情"没有激情了，那你和你的另一半，你的男朋友、女朋友、丈夫、妻子，某种程度上，其实也就成了亲人或者朋友了。你对你的兄弟姐妹会有激情吗？当然没有。所以这个时候，或许你和你的另一半还互称"爱人"，或许你们仍会在结束电话前习惯性地说"爱你"，但这不再是爱情，因为它不再有真正的热忱与发自内心的依恋。

这样的关系是危险的，因为人总是需要激情的。人若是没有激情而生活，那就只剩下一种时光的消磨。每个人都渴望激情燃烧，那是一种生命能量的绽放。如果你们在对方身上找不到激情，那就只能到别处去寻找激情。所以会有很多"小三"冒出来了，因为他填补了人对于激情的需要。当然，"小三"

不一定是人，也可能是赌博，可能是酗酒，可能是狂热地工作，可能是各种各样近乎痴迷的爱好。人不能没有激情，只能转变激情的对象。所以，爱情没有了激情，就像燃烧失去了火种，面对的将是冷却与危机四伏。

友情如何纯洁

人们常常问我这样两个问题：爱情跟友情的本质差别到底是什么？男女之间是否存在纯洁的友情？

偶尔会有人告诉我，他很怀疑自己是不是喜欢上同性了。他说："我很欣赏、很信任这个人，我喜欢和他亲近，也会对他敞开心扉。陈老师，我很紧张，这是不是说明我喜欢上了同性？"

其实真正的好朋友之间，精神上也是相当亲密的，你会很信任他，向他敞开心扉，你们可以同甘共苦，甚至关键时候为对方两肋插刀，真正的友情也是相互忠诚的。爱情和友情最本质的区别，就是激情和冲动，一种难以抗拒的性感召力或者说吸引力。跟自己喜欢的人、心爱的人在一起，你会忍不住老想碰碰他。倒不是说你要有多么惊世骇俗的热烈举动，你可能就是情不自禁想撩撩他的头发，拉拉他的衣角，摸摸他的袖子，牵牵他的手，或者只是远远地看着他，充满爱意地看着他。这种饱含爱意的"看"，你要知道，其实就是你在用你的眼睛爱抚他，用你的精神代替你的双手触碰他，这里面有着浓情蜜意。或者，有时候当你想到要和你喜欢的人有更深的交流，比如拥抱、接吻，你就会感到如此美好，禁不住浮想联翩，充满期待。这就是爱情，而不可能是友情。

很多时候，我们的心灵会比头脑告诉我们更多真相。你只要想想，你对你的朋友会有像对爱人那样热烈的想象与期待吗？好，你内心的真实反应，其实已经告诉你爱情跟友情最大的区别了。你对你心爱的人会有这种更深入探索的渴望，但是你对你的朋友不会有；你愿意向你心爱的人敞开全身心，敞开你的一切，不设边界，但是你和朋友之间的坦诚交流仅只是两个精神体、两个思想者之间的理解与互动，它不包含欲望，容不得暧昧。友情自有它天然的界限，这界限保证了它单纯的属性，过界便是一种污染，便是对友情的破坏。这就是爱情和友情的区别。

那么，男女之间是否存在纯洁的友情？每个人或许会有不同的见解。不过，男女之间如果要保持纯洁的友情，对于双方的人品要求是很高的。不是什么人都能够有纯洁的友情的。为什么呢？纯洁的友情的前提是什么？纯洁。你要是不纯洁，谈什么纯洁的友情？你要是心里面有那么点暧昧，有那么点猥琐，有那么点想要越界，你纯洁什么啊？所以，纯洁的友情有没有？有！但它要求双方的内心都是纯洁的，不含杂质。

所以，既然称之为好朋友，那就是在精神上相知相懂、相互欣赏，在精神上是有默契的，是亲密的，这才是好朋友。

男女间纯洁的友情可以分成两种：第一种，你们在精神上是相互信赖、彼此欣赏的，但是你们在肉体上、欲望上互相绝缘，互不感兴趣，这种事情在你们看来想想就可怕，完全不可思议。在这种情况下，没有男女之情的干扰，你们自然会变成纯洁的友情。

第二种情况，就是你们在精神上是相互理解的，达到了非常亲密的程度，同时其中一方对另外一方是有想法的，只是另一方对此无感。换言之，A对B有想法，B对A无感。当A知道B对自己没有想法之后，他真正理解和尊重B的心意，于是他决定放下自己内心的情愫，从此以友情之道与其相处。这个时候也是可以做好朋友的。所以我说，纯洁的友情对双方的人格要求很高。就是我喜欢你，向你表白了，可你不喜欢我，而我也理解你是真心不喜欢我，好，那我尊重你的意愿，我放下这个念头，从此就把你当好朋友，一切都以朋友的方式与你相处，无论说话做事，还是内心想法，都绝不过界。这个时候也可以达到真正纯洁的友情。

这里我还要说明一下，凡是以"朋友"为名义作为缓兵之计，时不时要给点暗示，时不时要暧昧一下，用模糊不清的言语来打一打爱情跟友情的擦边球，偶尔还要试探一下对方的，我觉得这种行为本身就有点不坦荡、不真诚、不光彩、不可爱，甚至很猥琐。

这跟纯洁的友情没有关系，因为这里面没有纯洁，既没有纯洁的爱情，也没有纯洁的友情，而是对"朋友"这两个字最深的滥用。

真正的友情和真正的爱情一样，是非常体面和纯洁的感情，其中都不包含杂质。朋友主要是精神上的亲密者、思想上的契合者、灵魂上的同在者，跟你的身体、你的欲望没有关系。你们是精神关系，不是肉体关系。所以他的肉体一不小心是个男生，或者一不小心是个女生，这都没关系，都不影响精神的品质。真正的友情是体面而纯洁的，因为它真诚而自重，它可以是同性也可以是异性。对于纯洁的友情来说，重要的不是性别，而是人品。如果有真正的朋友，不论男女，都要珍惜。真正的朋友是我们精神世界的分享者，我们对他们也有真挚之爱，爱他们也是在爱我们自己。

爱情何能长久

长久的爱情何以可能？我们要如何避免审美疲劳呢？

之前提到过，《说文解字》里说，爱就是一路同行。所以，怎么维持长久的爱情，其实也就是在说，怎么保持两个人不但在生活中一路同行，更要在精神上一路同行。

精神上一路同行靠的是什么？靠的是共同语言——谈得来。"谈恋爱"要靠"谈"的嘛。你们谈得来，就说明精神上没走远，还是同步的，还在一路同行。什么叫作谈不来？两个人精神上不同步了，开始各走各的了，问题就来了。

所以要保持爱情长久的一个方法，就是要尽可能保持你们在精神上的同步而行。如果你的发展跟他的发展不一样，你们要多沟通，多交流。两个人的距离不是突然间变大，变得遥不可及的。如果你思想的进步、精神的成长比他快，请你拉他一把，帮助他成长，并跟他一起成长，这才叫作身体力行去爱他。不要让你自己离他太远，不论在生活上还是精神上都是如此。爱情就是心灵的结合，心要是走远了，爱情就散了，就淡了。

我有个朋友，跟他妻子关系一直非常好，每年他们两个人都要共同学一样新东西，比如有一年他们两个人共同学画画，有一年两个人共同学吉他，有一年两个人共同学厨艺，还特地一本正经地上了个厨艺学校，互相切磋，一起烹饪两个人的幸福。

还有一次，我问一对恩爱夫妇，他们是如何保持激情永不消退的？他们的回答是："你要不断地发现他身上美好的东西，新的美好的东西，然后你就会一次次地爱上不同的他，一次次地爱上同一个人。"所以，你不要以为你只是你，总是一成不变的那个你。其实你每天都会接触到一些新的人、新的事物，产生一些新的想法，会有新的成长。其实每天你都在变化，都与昨天的你有所不同。然后那个跟你在一起的人，或许他发现了你的这些变化，或许正是他促成了你的这些变化，这些变化使你变得不同，然后他又爱上了这个不同的你，爱上了每一个不同的你，他一次又一次地爱上了你，爱上了同一个人。

这其实是很浪漫很浪漫的事情——一次又一次地爱上同一个人。不要以为浪漫是花钱的事情，那是浪费。浪漫不需要用钱，而需要用心——用心地了解他，用心地发现他不同的美，然后爱上每个不同的他，这样你等于每一次都在跟一个不同的人谈恋爱。虽然他看似是同一个人，但是他一刻不停地在成长。二十岁的他跟三十岁的他肯定不一样，然后四十岁的他又不一样，所以你一次又一次爱上了不同的他，千万个他，却也一次又一次爱上了同一个人。在这个过程中，其实你在见证他生命的转变，也参与了他人生的成长。这是爱情最美好的一种状态，千变万化，却始终如一。

另外，在爱情中还有这么一个说法，"谁要认真谁就输了"，这句话真是俗不可耐。如果你抱有这种想法，那么你追求的不是爱情，你追求的只是征服。如果一个人他认为爱你就是征服你，那我觉得他不是真的爱你，你只是他的战利品，是他挂在胸前的一枚勋章而已。他在意的不是爱情，而是输赢。

那么，什么叫作爱情呢？哪怕我会输，我还是要爱，我还是要认真，这才是爱情。它的格调很高的，爱情就是个高格调的东西。它不是一种征服欲的实现，或者一种占有欲的表达。

坦率地讲，你如果真的在爱情之中，你是很难不认真的。不认真的叫作套路，而真的爱情就是用心，用心的东西你还能不认真吗？可能有人会反驳说，我们可以用心地玩套路，但那就不是爱情了，而是阴谋。真正的爱情，不计较输赢，即使可能会输，我还是会全心全意认真地爱你。

很多时候，我们可能不甘心被人征服，每个人都有自己的骄傲，你可能觉得征服别人，让别人死心塌地地爱上你是件光彩的事情，但被人征服，死心塌地地爱上别人就挺丢脸的。其实真正的爱情，是不会太在意面子的。在所有的被征服中，被爱征服是最不丢脸的，硬要说丢脸，那也是最甜蜜的一种丢脸，丢脸就丢脸呗！事实上，在爱情中，不是一个人征服了另一个人，而是你们共同被爱征服。被爱征服，成为爱的门徒，这多幸运啊。

可能还有人会说，那吵架怎么办？人跟人相处，再要好也总会吵架的。千万不要以为美好的爱情是不吵架的，那种相敬如宾的感情到底是不是美好的爱情，我认为是存疑的。爱情肯定是要吵架的，但吵架不一定就是一件坏事，所谓"吵架"其实就是一种疯狂的交流——这种非常状态的对话模式能够帮助你看到非常状态的他，更好地理解他是个什么样的人。平时我们都被理智操控，表现得各种得体，各种"端着"，一吵架面具掉了一地，真性情就暴露了。所以，在爱情关系中，吵架有它不可替代的重要性，很多时候它能帮你全面了解一个人。

我曾问一对老夫妇，吵完架之后该怎么去修复呢？他们告诉我："你要相信一件事，月有阴晴圆缺，每一次阴晴圆缺之后，会是下一次阴晴圆缺。所以不要担心吵架，这一次是阴是缺的时候，你心里要有一份信仰——这阴和缺是阶段性的，它很快就会迎来下一次的圆和下一次的晴。而永恒的爱情，那就是你和他一起，共同度过一次又一次的阴晴圆缺。"所以，我们要用平常心来看待吵架或爱情关系中的低潮，这些都是爱情生活的一部分，你知道它还会变好的，你知道你会努力让它变好的，你知道前面还有很多很多美好的生活在等着你们，你知道你还是愿意和他一起去创造这份美好，这就是一种信仰，而爱是需要信仰的。越是在困难的时候，越是愿意去坚持，这恰恰是爱的一种强度的证明。

Part **2**

成熟与自由

真正的自由者，没有内部的对抗与暴力。
他总有办法让他的理智与情感相安无事，
让他的责任与欲望相亲相爱，他和他自己相处融洽。

完整的"大人"

一个完整的人，包含了他的身体，也包含了他的精神，他一定有生理的方面，也有心理的方面。生理加心理，肉体加精神，才组成了一个完整的人。

我们一般把"18岁"作为一个人成年的标志。但18岁实际上只是一个人身体成熟、生理成人的标志而已。18岁只能代表你的身体、你的皮囊发育完全了，你的性成熟了，你在生理上是个大人了。但这只是成熟了一半，真正的成熟还有另一半。一个完整的"大人"应该包含生理的成熟和心理的成熟，他是身体的成人，也是精神的成人。

身体成熟这件事，不需要我们刻意去学习，或者额外地做点什么，不管你意识到还是意识不到，你都在长大，你的身体都在不断地趋向成熟。就像一株植物经历春、夏、秋、冬，自然而然会开花结果，瓜熟蒂落，人也是一样，你的牙会一颗颗长出来，身高一厘米一厘米地往上窜，性体征一天比一天更明显，这是生物的共性，无需人为的劳作，它自然天成、自动发生。

所以，一个人身体的成熟只需遵循自然的节奏，但精神的成熟却不同，它因人而异，它不是每一个人都会自动生成的东西，不是每一颗种子都会开出来的花。它需要我们有意识地、自觉地去加以修养，加以完善。

一个人精神上是否成熟，跟这个人的生理年龄没有必然关系，它们不一定成正比。就像我们生活中有很多人身强力壮，人高马大，有些甚至白发苍苍，他们生理上毫无疑问已经成熟了、熟透了。但是，如果你仔细去观察他的所言所行，就会发现在他成年人的外表下仍然住着一个幼稚不懂事的小孩，他既没有自知之明，也没有任何担当，自相矛盾，缺乏勇气。时间只是让他变得油滑奸诈、胆怯忸怩，却没有让他变得更有见地，更加成熟。

在英语中，表示"成熟"的有两个词：一个是ripe，指的是葡萄、苹果之类的蔬菜瓜果的成熟，它更像是一种生理上的成熟；还有一个词是mature，指的是一个人心理上的成熟。为什么需要有两个不同的词来表达"成熟"呢？因为身体成熟与精神成熟属于两个不同的系统——前者是时间中的沉淀，后者是境界上的提升。一个是横向的，一个是纵向的。所以，很多人身体越来越成熟，精神上却并无多少长进，他的精神跟身体脱节了，不同步成长了，说到底，他只是一个半成品的"成人"，一个次品的"大人"，而不是一个完整的"大人"。

那么，精神成熟的标志到底是什么？有没有一个评判标准，让我们来衡量这个人是成熟了，还是没有成熟？

在这里，我引用了陈寅恪先生所说的"精神之自由，人格之独立"，这是一个人的内在气象。而我又在后面加上了自己的观点"责任之担当"，这是一个人把他的内在气象外化为一种生活的态度与实际的行动。精神之自由、人格之独立、责任之担当——我觉得唯其如此，才能算得上是一个真正完整的、纯正的、成熟的"大人"。

为所欲为，不是自由

什么叫作精神之自由？

自由是一个非常美好的字眼，每个人都追求它。我曾见过一个学生，他的自由宣言是："不要再管我了，让我自己选择我的人生吧！"其实这句话听起来挺奇怪的，当你的自由需要得到别人的允许时，那还是自由吗？

我问过很多大学生，一说起大学，你会联想到哪些关键词？很多同学给找的回答都是——"自由"。确实，"自由"是我们大多数年轻人对"大学生活"的渴望与期待。可是，当我们心存期盼，乘兴而来，真正在大学里学习生活，没有了高考指挥棒的鞭策，也没有人管我们、替我们作决定了，为什么我们却并不发自内心地觉得自由呢？为什么我们反倒比中学时有了更多的焦虑、迷茫和无所适从？

　　社会上的人也是一样。我们总觉得，等我们有了房子、车子、工作，等我们衣食无忧，我们就自由了，就可以想干什么就干什么了！可当我们真正拥有了这些自由的条件，为什么我们的心里却并没有那种如期而至的自由的喜悦？有一天当我们真的可以想干什么就干什么，我们却不知道自己想干什么，不知道自己除了生存与竞争，还对什么充满热情。我们渴望自由，但我们似乎并不知道什么是真正的自由。

　　哲学家黑格尔说："熟知并不等于真知。"很多时候你理所当然以为事情是这样的，但事实却并非如此。所以要真正理解"自由"，我们先要看看关于"自由"，我们有哪些熟知，以及在这些熟知背后潜藏着怎样背离真知的误解。澄清误解，就等于找到了正解。

　　对于自由最常见的一种误解是什么呢？我相信我们大多数人是这样理解"自由"的：自由嘛，就是由着自己嘛！那什么叫作由着自己呢？就是想干什么就干什么嘛！我把这种对"为所欲为"的渴望称为"纵欲式的自由观"。

　　为什么很多人会这样理解自由？为什么人们渴望这样的自由？每一个纵欲背后往往都隐藏着一个禁欲。每一个把自由理解为自我放飞、自我释放的人，往往是一个深受压抑的人，这种压抑可能来自他人的压迫，也可能是自我压抑。哪里有压抑，哪里就有反抗。一个人受到的压抑有多深，他对放纵的渴望就会有多强烈。这就像我们日常生活中常说的"缺啥补啥"——你最渴望的东西，往往就是你最缺乏的东西。这是一种内在的平衡，是一种能量的对称。

如果你所理解的"自由"，就是一种为所欲为的自我放任。那我猜你一定活在深深的压抑或自我压抑之中，你的心过得很累，你受了不少苦。

人类的苦难有很多种，最常见的一种是物质之苦，比如一个人缺衣少粮，没钱看病，无力养家……物质之苦很苦，因为这直接危及生存。而如果没有物质之苦，人们也常常会受精神之苦，比如情场中的失恋、职场上的受挫或者更严重的生离死别，让你悲愤却又无可奈何。除此之外，还有一种苦，叫灵魂之苦，或许你衣食无忧、无病无灾，但是你莫名感到孤独和虚无，这种茫然与压抑说不清道不明，空洞抽象却如影随形。物质之苦与精神之苦往往可以找到具体的原因，而灵魂之苦最大的苦正在于其原因不明，因为原因不明，所以不知道该从哪里着手去改变。

曾有个朋友要我推荐一些电影给她，而且她只要那种能让她嚎啕大哭的电影。她说她正感觉到，自己对人、对事、对生活越来越冷漠无感，她能感觉到她的心正在变冷，变硬，变麻木。生活是热气腾腾的，可这生活的热气却进不到她的心里，她常常只是一个生活的局外人，冷眼旁观着热闹的一切，但怎么也进不去，她想要那些能让她嚎啕大哭的电影，或许只有这样的悲伤才能震醒她的心。所以，嚎啕大哭不一定就是坏事，不会嚎啕大哭也不一定就意味着幸福。一个不会嚎啕大哭的人，往往也不会开怀大笑。因为大哭也好，大笑也好，本质相同，说明你的心是鲜活的，因为只有鲜活的心才对一切具有敏感性，这敏感性使它能真正感觉到快乐而开怀大笑，也能真正感觉到悲伤而嚎啕大哭。当一颗心对悲伤不再敏感，那它对快乐也不会再敏感，这是同步的。我的朋友寻找嚎啕大哭，其实就是在寻找自己的心。当一个人找不到自己的心，感觉不到自己的心，听不见自己的心声，这可能就是灵魂之苦的根源。俗话说"哀莫大于心死"，灵魂之苦就是一种"心死之苦"吧。

可能生活中不少人正因为承受着这种或那种苦，而感觉到压抑或自我压抑。所以他们常常以为自由就是自我释放，就是为所欲为，想干什么就干什么。可是"为所欲为"真的能带来自由吗？

你想想看，什么叫作"为所欲为"？为所欲为，其实就是"为'欲'之所为"——你在做欲望让你做的事情。你的欲望让你做什么，你就做什么。这时你是被欲望支配，被欲望操控，被欲望牵着鼻子走。不是你在主宰你的欲望，而是你被你的欲望所主宰，你不是欲望的主人，却成了欲望的奴隶。当你被别人奴役的时候，你会说你不自由。当你被自己的欲望所奴役的时候，你却说那是自由。这不是很好笑吗？其实这里面"换汤不换药"，还是一回事啊！你之前的不自由感是来自于他人的束缚，现在好了，他人不束缚你了，你却开始用欲望来束缚你自己了。所以，你还是不自由的，因为你根本不是自己的主人，你还是一个奴隶，只是换了主人而已。一个奴隶，不论你是谁的奴隶，你终究不是自己主宰自己，又能有什么自由可言呢？

很多年前，一个非常聪明的学生跟我说，他高中时常常翘掉晚自习，然后翻墙出去打游戏。我问他为什么这么做，他说："因为晚自习让我感觉很压抑很不自由。"我又问："那打游戏自由吗？"他说："其实也不怎么自由。"我就说："那什么让你感觉自由呢？"他说："其实晚自习也觉得不自由，打游戏还是觉得不自由，自由就在于从晚自习逃去游戏机房的那段路上。"这时候我突然明白，原来他的"自由"只是"在路上"。我相信很多人都是这样理解的，那就是我们所认为的"自由"，其实只是从一种不自由过渡到另一种不自由之间的那个短暂的间歇、那个可怜的喘息。我们所理解的"自由"更像是两次监禁之间的一次短时间的放风，只是对某种"不自由"的逃避和对抗。但是逃避和对抗任何一样东西都不会带来真正的自由，"逃避"和"对抗"这两件事就意味着强烈的不安、焦虑与慌乱。当你像一个逃犯一样逃避或对抗任何一样东西，你的内心都不会有安宁、放松与平和。可恰恰是内心的安宁、放松与平和，才真正通向自由。

我们很多人以为"为所欲为"就是自由，实际上它只是借

"自由"的名义对理智与责任的逃避和对抗。人们不懂什么是真正的自由，所以才想象出了这样一个虚假的自由。

真正的自由者不需要用"纵欲"这种用力过度、声嘶力竭、激烈夸张的方式来自我强调和自我表达。真正的自由者千姿百态，却都有一个共性，那就是无论他做什么或者不做什么，无论结果如何，他总能找到自己内心的平静与安宁。

真正的自由者，没有内部的对抗与暴力。他不像其他人那样总是处在自我理智与情感、责任与欲望的激烈挣扎中，他总有办法让他的理智与情感相安无事，让他的责任与欲望相亲相爱，他和他自己相处融洽。每一个自由者都是一个精神的自治者。

与众不同，不一定是真自由

生活中还有另一种常见的对自由的误解：我们总以为自由，就是活出真实的自己，就是活得特立独行、与众不同，自由的生活一定和大多数人的生活很不一样。

要知道，真正的"自由"没有固定模板，没有某一套特定的言行模式。活出真实的自己，也不是说你就要跟大家活得不一样，就要活得多么别出心裁，一个人并不是只有反大众、反主流、反常态，才算是自由的，才算有个性。

你以为背包客就一定比工作者更自由？你以为山林田园的佛系生活就一定比人流穿梭的都市生活更自由？这其实只是一些形式上的差异，而自由没有规定形式，自由的秘诀在于，不管你过的是何种生活，你都发自内心感到轻松自在、乐在其中。

真正活得自由，不代表你要活得多特别，你可能看起来跟大家活得一样，但是你这样活，不是因为大家都这么活，也不是因为大家都不这么活。你这样活，是因为你喜欢这样活，因为这就是你发自内心想要的生活。自由或者不自由的根本，不在于你"干什么"，而在于你"为什么这么干"，你是否心安。你走这条路，不是因为很多人走，也不是因为从没有人这么走，这些都是影响自由的杂念。你走这条路，很简单，就是因为你想走，因为这是你的路。

所以，不要把"独立""自由""活出真实的自己"理解为"与众不同"或"特立独行"。当你给自由贴上任何标签，不管这个标签是什么，都是对自由的限制。贴标签这件事本身其实就是制造一个笼子，想要锁定自由。只有超越所有标签，任何笼子都关不住的，才是真正的自由。

什么是真正的自由？在法律和道德的底线之上，你可以作任何选择。这个选择可能跟大家一样，也可能跟大家不一样，这不重要。重要的是，你这么选择，是因为这是你想要的，这让你感到心安。心安处即故乡。

我有个朋友，很接近这里所说的"自由者"的状态。别人对她的评价是：太阳每天升起降落，但你是墙角一朵按照自己的花期开放的小花。真正的自由者，不在意别人按照什么节奏去生活，因为他找到了自己的节奏，他按照自己的节奏去生活，不去干扰别人，而别人也很难干扰到他。这才是真正的自由。

何以自由

那么，我们要怎样做到这种自由呢？

第一，清醒的自知；第二，勇敢的选择；第三，坦然的无悔的担当。

什么叫作清醒的自知？我们都知道，真理没法描述。但如果我们一定要找到一个描述真理的比较趋近的方法，那可能就是"因果"——有什么样的因就会带来什么样的果，种下什么样的种子就会开出什么样的花，"种瓜得瓜，种豆得豆"往往就是如此。

那什么叫清醒的自知？就是你在面对任何人生重要选择的时候，都要想清楚，这个选择是为你选了一个什么样的因？为你种下了一颗什么样的种子？你选择的这个因可能会带来哪些果？每一个因都会带来很多种不同的果，你尤其要想清楚，最差的恶果是什么，如果带来的真是这个恶果，你的肩膀担得起来吗？你承担得了吗？你愿意承担吗？这些问题组合起来，就叫清醒的自知。

我们说到自由的时候总会提一个问题："我想要什么？"这个问题真的很重要，不知道自己想要什么，就无法知道自己为什么而努力？该如何努力？但是，光知道这个问题还不够，还有两个问题跟它一样重要。这第二个问题是："为了这个我想要的东西，我要付出什么代价？"想要得到任何东西，都需要支付相应的代价。想要的东西越好，支付的代价也就越高。所以相比"我想要什么"，这第二个问题就显得冷静多了。而第三个问题同样重要，那就是："我愿意支付吗？我支付得起吗？"这是更有现实意义的一个追问。这三个问题加起来，才是清醒的自知。

第二点，勇敢的选择。你不是想好了吗？那就像广告语说的那样——Just do it！那就行动吧！作出你的选择。

第三点，坦然的担当。说到底就是八个字——种因得果，自食其果。既然是你自己选的，就怨不得别人，就得由你自己去担当。当你所选，选你所当，爱你所选，选你所爱，对它负责。这才是我所认为的自由。

真正自由的人，如果你做到了这三点，你会发现你的心态永远是安宁的，因为你想清楚了，你决定了，所以你愿意担当。因为是你自己选的，所以即便结果不如人意，你也会坦然接受，无怨无悔，这就叫高贵。即使那个结果会带来黑暗，但因为是你自己选的，你也愿意承受这不见天日的痛苦。一个人安于承担其命运的痛苦，是非常崇高伟大而有力量的。

《荷马史诗》里讲到特洛伊战争的故事，战神之子阿喀琉斯向特洛伊城的大王子赫克托耳发出挑战。你要知道，他既然是战神之子，就没有战败的可能。所以赫克托耳只要应战，就必死无疑。第二天赫克托耳的妻子抱着他们刚出生不久的孩子来到他面前，对他说："我不想让你去迎战，我希望你跟我一起，陪伴着我们的孩子长大，你至少要看见他长大。"赫克托耳抱着孩子沉默了很久，然后他对妻子说："如果我这次不去迎战，我这辈子就可以不死的话，那我就不去了。我必将死去，我能选的不是死或不死，而是以怎样的方式去死。那么，我希望带着荣誉死去。"所以他就去迎战了，毫无悬念，他死了，但他心甘情愿，因为这是他自己的选择。

另外古希腊还有一个神话，说的是普罗米修斯把属于众神的那颗天界的火种引向人间，奉献给人类，不求回报。宙斯大怒，于是给了普罗米修斯最严厉的惩罚。他把普罗米修斯吊在高加索山上，让秃鹫啄食他的内脏。不仅如此，一旦秃鹫啄食完之后，那个内脏又会自动生成，然后秃鹫继续啄食，如此周而复始，永无止息。这是撕心裂肺的痛苦和煎熬，但是普罗米修斯做好了承担这个结果的准备，迎向了他的命运。

所以，什么叫作清醒的自知、勇敢的选择、坦然的担当？

就是你想好了，并作出了选择，你知道可能会产生怎样的恶果，你不是不害怕那个恶果，但你叹一口气，还是愿意专注地走脚下的这条路，准备好承担那必将会到来一切可能，这才叫自由。

所以自由不只是一个人敢为天下先，更是敢做敢当，愿赌服输。自由不是什么都能去做，而是你作好你的选择，然后担当起你所选择的。苦也好，乐也好，成也好，败也好，你选择，你承担，你心安。选择并担当，这才是自由的全部内涵。

那么，什么叫作选择？如果我问你，今天中午你要吃美食还是吃猪食？这个其实不构成选择。或者我问你，你要嫁给美男子还是猪八戒？这个也不构成选择。当两个选项彼此差距悬殊、好坏分明的时候，根本不叫选择。选择之所以称之为"选择"，一定是纠结的，一定是痛苦的。因为只有当所有的选项都同样美好，或者同样糟糕，不相上下，难以轻松下决定的时候，才能叫选择。所以真正的选择不是在好与坏之间进行取舍，只有当你面对两种美好却必须舍弃一种，或者当你面对两种不安却必须承担一种的时候，这才叫选择。无可奈何的才能叫选择。

自由的力量，实际上就是选择并担当的力量，也就是一种勇于舍弃的力量、一种敢于承受失去的力量。这条路也很好，那条路也很好，当我在两者之间作出选择的时候，其实我是放弃了一条美好的路，放弃了一种美好的可能。所以选择不像我们想象的那样意味着一种得到、一种收获，其实从更深层来看，它还意味着一种舍弃、一种失去、一种有所不为。选择，就是得我所得，安我所舍，这才是自由。

所以归根到底，自由不是自我放纵的力量，恰恰相反，自由体现的是一种自我节制的力量。我饿了就吃，这算什么力量？我饿了的时候，因为某种原因我选择不吃，我甘心节制某种欲望来成全精神的不受束缚，这种精神的自我节制才真正体现了一个人的自我主宰，这才叫力量。所以，很多时候"自我节制比自我放纵更接近自由"。

很多人喜欢说"有钱就是任性"。其实有钱任性，这没什么稀奇的，这就像你饿了就吃一样，里面没有任何自我的精神力量。这或许体现了钱的强大，却并不能体现你的强大。你有钱却不任性，或者你没钱却还能很率性，这才能体现一个人的内在力量。

精神的成熟

精神的成熟归根到底我认为有三个方面：精神之自由、人格之独立，再加上在生活中端其心，落其行的"责任之担当"。

成熟不成熟，关键不是年龄。有的小孩五六岁都可以很成熟，而一些五六十岁的老人却可以很幼稚。我就认识一个小男孩，十岁左右，跟他说话时我常常会不经意间感受到他对生活的独立思考，其中有不少想法都很成熟，很动人。但是不要把他理解为神童，他只是一个普通的小孩，每一个普通的小孩其实都是一个潜在的神童，他们的悟性常常在我们这些成年人之上。这个小男孩，跟一个小女孩是同班同学，两个人玩得特别好。可是后来，又来了一个新的小女孩，两个小姑娘玩得更好，更亲密，于是就不怎么理这个小男孩了。小男孩真的很伤心，他说："人没有朋友多孤单啊！"我去安慰他，他却留下一句："你以为朋友是这么好找的吗？"

这是一个真实的故事。"人没有朋友多孤单啊""你以为朋友是这么好找的吗"，我被深深地打动了。稚嫩的语言，却说出了被很多成年人忽略的真相。他的话里有他对孤独的理解，其实也是人类对孤独的共识。他如此幼小，那一刻却显得那么成熟。

说到"成熟"这个词，我就担心你会把它理解为"老"。当我说，某某，你好成熟。对方的第一反应往往是一脸惶恐："啊，你是说我老了吗？"

所以在此，我要趁机把常识性的东西作一点说明。我们所说的"成熟"，不是社交层面的世故圆滑、精于计算，或者说会做人、八面玲珑、左右逢源，也不等同于我们常说的"老"。

我们不可改变的是我们一直在变老，
但是有没有一种力量可以抵抗变老？
有！这就是成长！
在精神上向着光，向着高空，不断地升华和成长。

我觉得"老"是一个生理的阶段，但成熟与否是一个心理的状态。"老"属于现象界，"成熟"属于精神界，它们分属两个不同的维度，位列两个不同的界面。所以我希望各位在这一点上要有常识，对人的成熟也要有一定的鉴别力。我们经常说一个词——衰老，其实这两个字不应该放在一起，"衰"指的是人精神的沉沦和堕落，而"老"指的是人身体的退步和退化，它们是不同的东西。

　　如果仔细观察我们的生活，你会发现，虽然我们常说"衰老"，但是落到具体的人身上，有的人往往是未老先衰。他还很年轻，但是已经没有了生命的朝气，找不到活力，他对于天真的问题已经没有了兴趣。他还很年轻，但是他却不知道要如何郑重而严肃地对待生活，只是在变得更加油腻。这是一种精神往下坠的力量。所以"衰"指的是人由内而外的一种腐坏，一种堕落，一种精神气象的浑浊。

　　那什么是"老"？老指的是身体的退化，就是你身体的各个关节可能不怎么灵活了。但是我们也会发现，我们生活中也充满了一种人，老而未衰，老而不衰。他年龄的增长，只是让他的气象更加清澈，让他的精神状态更加澄明。你会觉得，这样的人是在越来越老，但是他同时也越来越纯洁，越来越通透，越来越美丽。

　　我曾经和我的朋友分享过一个心得：我们不可改变的是我们一直在变老，但是有没有一种力量可以抵抗变老？变老是一种向下的力量，有没有一种往上的力量可以对抗变老？有！这就是成长！这是我对自己的要求，这里也跟大家分享——在精神上向着光，向着高空，不断地升华和成长。这个世界上只有两种力量，一种向上的力量，向着光，叫浮力；一种向下的力量，叫重力（作者注：此处浮力和重力均为象征义），它们相互抗衡。我们的变老是一种向下的力量，如果我们想让自己永葆美丽，永葆内心的一种健康，一种清澈，一种清新，一种和谐，我们就要在自己的有生之年，永不停歇地往上成长，不断地成长。因为唯有成长，才能够抵御住变老的那种向下的力量。你会慢慢地活成一束光，谁若接近你，就是接近光。这应当是人生在世，对自己的一种责任和使命，我是这么想的。人只活一次，你怎么舍得自己短暂的一生是丑陋的、卑污的？你怎么舍得让自己短暂的一生只是往下坠落？即便是坠落，也应该具有落日般的华丽。

所以，精神的成熟者，他对外表现出来的不是老，而是一种内部世界的和谐，对任何事都很从容，心灵总是很清明，胸襟总是很坦荡，这才是真正精神成熟的人。

我们以前写作文的时候，总说要写一个大写的"人"，其实你要知道，真正大写的"人"就应该是顶天立地的人。我们现在说要"接地气"，这个很重要，因为要"立地"嘛！但是别忘了，人生在世还有一个使命，就是"通天气"。通天气就是你要思考一些在你个人吃喝拉撒之上的问题，有一些精神世界的追求，要对自己的品质人格有一点要求。这就叫"通天接地"！

何谓"大师"

清华前校长梅贻琦先生曾经说过，大学之为大学，并非因为有大楼，而是因为有大师。那什么是大师？我想我们应该把这个含义搞清楚。我们现在的电视节目也好，媒体也好，似乎非常轻易地就会把"大师"这个头衔赠送给一个也许配不上这个称号的人。每个时代都有很多被低估的人，每个时代都有很多被高估的人。

那么，到底什么叫作大师？怎样的人才能称得上大师呢？当我们说到大师的时候，基本上可以分出两类。第一类是技艺上的大师、才能上的大师。这样的大师在人类历史上往往有着不可取代之贡献，有难以超越之特长。

比如说在军事方面，就有诸葛亮，还有写《孙子兵法》的孙武。我以前把《孙子兵法》抄写过几遍，我觉得此中颇有深意，兵法深入下去，探讨的竟全是哲学、心理学……很有意思。很多好书都是薄薄的一本小册子，因为简洁有一种力量。你要说得复杂，不难，但是要说得简洁，真不容易。所以，这些人就是军事技艺上的大师。

在艺术上我们也知道很多大师，比如达·芬奇、毕加索、罗丹，比如唐宋诸名士。我以前翻一些杂书的时候，读到达·芬奇的逸事，感觉他真的很厉害，达到了"大事相通，小事相似"的境界。他学什么东西都特别快，又能搞木工，又能搞建筑，又能造军事工程，会画画，还会弹琴。有一种特别奇妙的琴是三弦的，我暂且称它为"三弦琴"吧。据说当时达·芬奇的朋友在那儿玩，弹得很难听，达·芬奇就在角落里幽幽地说了一句"我来试试"，然后他上手十几分钟就学会了，而且弹得还挺美妙。这就是技艺上的大师，在艺术领域已经四通八达，对他来说，艺术没有边界。

在哲学领域也有好多大师，其中有一位让我很动心，这个人听名字就不平凡，他叫斯宾诺莎。斯宾诺莎影响了很多人，几乎所有斯宾诺莎之后的伟大哲人，都多多少少受到他的影响。而斯宾诺莎的职业是什么呢？他是在眼镜店里磨镜片的。从此，哲学史上有了这么一句话：斯宾诺莎在专心致志地磨眼镜片，于是，世人透过他的镜片看这个世界。很伟大吧！

围棋界也有一位无可超越的大师吴清源，他活着的时候几乎雄踞天下第一。据说，当时他拿下了所有能拿下的奖。另外，武学上也有过一位天才人物——李小龙。我记得李小龙有一句话，你要是不到那个境界，还真的说不出来。他说，我绝不会说我是天下第一，但我也绝不会承认我是第二。如果我跟你说我很厉害，你会觉得我在炫耀，但如果我跟你说我不厉害，那我是在撒谎。

这类大师就是技艺上的大师、才能上的大师，他们有熠熠生辉的才华和风采，他们是人类历史上的璀璨星辰。他们中的每一个人，都足以代表一个时代，都是人类历史上的一座里程碑。这就是第一类大师，技艺类的大师，他们就是我们所说的"一代宗师"。他们具有伟大的才能，是各个领域中伟大的专家。所以，称他们为"大师"是不过分的。

第二类大师，我觉得是人格上的大师。这些人与前者不同，他们的境界非常高远，整个人类的精神都在他们的影响下发生了蜕变，这些人可以被称为"人类灵魂之光"。因为他们终其一生，都在为人类的灵魂寻找出路，他们对世界没有什么物质上的贡献，他们唯一的贡献就是带着人类升华到一个更高的界面，看见更高的层次。

有一位很有名的哲学家叫海德格尔，他曾经在他的一个朋友——哲学家伽达默尔的葬礼上致辞。当时海德格尔说了这么一句话："我们失去了他，从此人类世界的一角将陷入永恒的黑暗。"也就是说，伽达默尔离开这个世界，就意味着天上的一颗恒星陨落了，他永久地带走了一束光。

人格上的大师就具有这样的意义。比如说，我们熟知的孔孟老庄，就是人格上的大师，至今为止，也没有什么人能超越他们，无可超越了，就像至今为止也没有什么山能超越珠穆朗玛峰。这世界上只有一座珠穆朗玛峰，但中国有好几座珠穆朗玛峰，精神上的、灵魂上的、人格上的珠穆朗玛峰，无可超越。

再比如说，佛教的开创者释迦牟尼，古希腊的贤哲苏格拉底，基督教的耶稣，印度的圣雄甘地，南非的曼德拉……这些人都可以说是人格上的大师，是"人类灵魂之光"。

在讨论这一类大师的时候，我总是觉得，把这些人叫作"一代宗师"，似乎是低估了他们。我一开始很疑惑，为什么"一代宗师"配在他们身上，就好像有种违和感？后来我才明白，他们不是"一代宗师"，他们是千秋万代之良知。这些人超越了任何时代，因为他们千秋万代。

木心写过一段话深得我心。他说，一般的人才往往要具有强烈的时代介入感，涉足这个时代；天才是自由的，可介入，可不介入，随心所欲；而超一流的天才，不介入时代，因为他们千秋万代。

所以，人格上的大师往往不能称之为"一代宗师"，他们是千秋万代的良知，是人类灵魂永恒的光。所以这些人跟前面第一类大师有所不同，第一类大师是伟大的专家，他们具有伟大的才华；第二类人格上的大师，他们拥有的是伟大的心灵，他们不是伟大的专家，而是伟大的人。什么叫作伟大的人？什么样的人堪称"人类灵魂之光"？就是说，即使他们不在了，即使我们不在了，即使整个人类都不在了，他们的精神还在，这才叫作伟大的心灵、伟大的人。这些大师的存在，证明了人类的伟大是没有上限的。他们不是存在于一个时代，而是融入了永恒之中，他们是无限的。

前段时间，我在看泰戈尔作品的时候，发现泰戈尔有一位好朋友，竟然就是圣雄甘地，你不知道我当时有多感动。其实人家是好朋友，关我什么事啊？但是我看了之后真的非常感动。为什么呢？因为这两个人是好朋友，就说明伟大的心灵永不孤单，伟大的心灵一定有人懂，而能懂你的人，一定是另一颗伟大的心灵。我在和我朋友分享他们两个是好朋友的时候，我朋友说了一句让我觉得很厉害的话，他说："具有同等能量的人，才能相互识别；具有同等能量的人，才能相互欣赏；具有同等能量的人，才会是知己。"所以当我知道他们两个是好朋友的时候，我看到了永不孤单的两颗心灵，于是，我看到了永不孤单的所有伟大的心灵。

当时我的那种激动来自于我竟然在跟他们分享这片土壤，我竟然跟他们分享同样的空气，我竟然跟他们同属于人类，我深感荣幸。

所以，我觉得大师是可以分成两类的，第一类是技艺上的大师，第二类是人格上的大师。技艺类的大师是在"术"的意义上造诣精深，而人格的大师是在"道"的意义上影响深远。什么是"道"？"道"就是天理、真理。人格上的大师，在"道"的意义上功勋卓著，无可取代。

关于第二类人，我记得法国作家纪德说过一句话，他说

"他们担当了人性最大的可能"，也就是说，这样的人已经活出了一个人能够活出的最完满的状态了。

乍一看你会发现，技艺上的大师和人格上的大师未必是成正比的。不是说你越有才华，人品也就越好，不是这样的。在现实生活中也好，在历史上也好，在我们当下的时代也好，很多人的才华和人品都是不成正比的。很多人很有才，但是人品真的不那么好，这个也是事实。有一本书叫作《行为糟糕的哲学家》，我当时看的时候觉得很惊讶。这个世界上有一些书是要让你去信仰一些东西，但是这个世界上也需要这样一些书，让你破除一些迷信。哲学史让我信仰哲学，让我信仰哲学家，让我信仰智慧，但是《行为糟糕的哲学家》让我破除了那些迷信。这本书里讲了10位历史上堪称最伟大的哲学家，但他们在生活中是那么的糟糕，其中有叔本华、海德格尔、卢梭、尼采等，挺有意思的。但是你不要以为这本书是在诋毁那些哲学家，不是的，我觉得世界上最好的一种态度就是客观公正，不抱偏见。好就是好，不好就是不好，"好"没有必要和"不好"去功过相抵。我觉得要客观公正地评价一个人，就是要能分辨出好的东西，赞美它，歌颂它，而不好的东西就应该谴责它。客观公正地对待一个人，才是真正对他好。

这世界上有一类人，他们能"说出真理"，这类人我觉得已经很厉害了。但是，这世界上还有一类人要更加厉害百倍万倍，就是能"活出真理"。说出真理已经很牛了，但最伟大的是活出真理，即使你什么都不说。"说"这个东西花不了你多少成本的，说到底就是一句闲话，如果你不去身体力行，不去尽心尽力实践的话，你所说的所有东西都只是闲话，仅此而已。所以说出真理的那一类人，在才能上已经很了不起了，但是，活出真理的一类人更了不起，这两者境界不同。

虽然一个人的技艺、才能和他的人格、精神品质之间，在很多情况下未必成正比，或者说未必有必然的关系，但其实这两者之间还是有着千丝万缕、相互渗透、边界模糊的关系。大多数技艺上的"一代宗师"最终会由术入道，当他们在技艺上不断磨炼，达到常人所不可及的炉火纯青的境地时，他们往往在人格上也会领悟到生命的更高智慧，也会领悟到宇宙的大道。世上所有的学问，不论科学、哲学、艺术，最终往往殊途同归，万象归一，归于真理。随着一个人不断深入磨练自己的技艺，不知不觉中他也在深入了解生命的真谛。当他达到技艺的顶峰，在技艺的尽头，他会窥见真理。所以在这个过程中，他的人格和精神品质也会趋于完满。

我们经常用一句成语来形容这种状态，叫"如入化境"。到底什么东西"化"掉了呢？其实化掉的就是那个小小的自我，也就是"忘我"了。一个人如入化境的时候，他的自我化掉了，化在宇宙天地之间了，与宇宙天地合而为一了。

所以很多时候，大多数技艺上特别厉害的"一代宗师"，会由术入道，本来是在磨练某一种才华，练着练着，竟然修出了一片诚意。一开始可能是对自己真诚，之后开始对他人真诚，随着不断地修养、修行，最后对天地真诚，对宇宙万物真诚，这就是如入化境。所以我们就能理解，世界上真的有这种人——万物与我并生，天地与我合一。我们也能理解哲学家罗素所说的"我生存的三大动力，是对知识的热爱、对爱情的渴望、对人类苦难的悲天悯人的情怀"。当一个人对宇宙万物心怀一片诚意，这不是不可能的。

"忘我""如入化境""炉火纯青"这些词，听上去好像高深得不得了，但其实它的元素很简单，只要你心怀一片诚意，说到底就是两个字——真诚。当你真诚地做一件事的时候，做着做着就会融入这件事情本身，从而忘却周围的嘈杂。这个时候你不只是做这件事的人，而是成了这件事情本身，你的每一个行动，只不过是这件事情自我推动的一个步骤而已。就像你心怀一片诚意地跳舞，跳着跳着，你就不再是一个跳舞的人，不再是一个舞者，而是化作了舞蹈本身。不是你在跳舞，而是舞蹈在你的身上自动发生，这就是如入化境。听上去玄乎其玄，说到底就是心怀一片诚意。

《中庸》里说"唯天下至诚，为能尽其性"，这里的"性"包含了人和物——"尽人之性"和"尽物之性"。意思是，只有心怀一片诚意，才能使一个人或一件东西发挥出其最大的潜能与力量。古话"精诚所至，金石为开"说的也是这个道理。所以，要让自己活成一个完全的人，活出自我最大的可能，所需要的元素非常简单，就是心存一片诚意。而当你"尽人之性"的时候，你不要以为你只是活出了一片人性，当你活出了完全的人性的时候，你会唤醒自己最大的天赋。

所以，技艺的大师未必是人格的大师，但是人格的大师一定是一种技艺的大师。有一句老百姓都知道的成语，叫"心诚则灵"，我们经常把它理解为求神拜佛，非也。"心诚则灵"，请你在这个词中间划上一个等号，意思就是，"心存一片诚意"等于"唤醒了自身的灵气"。当你心怀诚意的时候，你的灵性、灵气会瞬间爆发。所以你会发现，心诚之人的直觉力会特别好，感觉会特别敏锐。因为当你很真诚的时候，心里面就特别干净，而"净极光通达"，净到极点，光明便会通达。

所以你会发现，所有伟大者的共性，就是心存诚意，对己真诚，对人真诚，对天地真诚。真诚有很多别名，有一个别名就叫作高尚，有一个别名就叫作纯洁，有一个别名就叫作童真。所以，真诚只是一切美德的别名而已。

伟大的心灵

我们回到梅先生的那句话，大学之为大学，并非因为有大楼，而是因为有大师。所以，大学要培养的目标是什么？大学要培养的目标，要么是技艺上的能人，要么是人格上的伟人。当下很多人评价一所大学是否杰出的时候，往往只关注它孕育了多少伟大的专家。你看看我们很多大学的宣传册，都是某种"名人录"，包括哈佛、耶鲁，都是哈佛名人录、耶鲁名人录、复旦校友榜，其中计算你培养了多少院士、拿了多少国内外的奖。现在更令人不堪的是，有的地方评价一所大学是否杰出，只看造就了多少有钱人，多少人上了"财富榜"。这个标准重要不重要？坦白讲也是重要的，这也是一种才能的彰显，确实可以作为衡量一所大学高下的标准之一。但是，我们要知道，标准并不是只有这一个，而且这也不是最重要的一个标准。

大学之为大学，是因为有大师。当我们衡量一所大学是否杰出的时候，除了要看它孕育了多少伟大的专家，我们也不能忽略另外一个非常重要的事实——大师之为大师，还有一个更深的意蕴，那就是伟大的人、伟大的心灵。我们未必能成为伟大的人，但是，我觉得我们还是有希望培养自己具有一颗伟大的心灵，这是可能的。

一个人要想成为伟大的人，需要一些机遇和巧合，还需要一些幸运，这是人力不可及的。既然人力不可及，就不要计算它了，因为它不在我们的计划之中。但是，有些东西是人力可及的，那就是让自己在有生之年，尽可能拥有一颗伟大的心灵，这是我们可以去做的，是我们可以去争取和努力的。

一所大学之所以是一流的大学，也许真的在于它培养了一些伟大的专家，这个是可以排名的。比如说大学的就业率、院士的数目，这些都可以排名。但是，要了解一点，一所大学是否一流，确实可以用这些可排名的东西来进行衡量，但决定一所大学是不是超一流的，往往要通过一些无法排名的东西来衡量。这取决于这所大学是不是在尽心尽力培养一些美丽心灵，是不是在尽心尽力塑造一些堂堂正正的人，是不是在尽心尽力培养一些社会的良知，是不是在尽心尽力培养一些至真至诚且身体力行的人。一个超一流大学的评价标准不止在于伟大的专家，更在于它是否培养出了一大批深明大义的好人，一群真正热爱"善"并且在实践"善"的好人。

所以，一个一流的大学关注的可能是学生才能的卓越，但是，超一流的大学关注的是学生灵魂的卓越。当所有人都把哈佛当成是一个伟大目标去追求的时候，哈佛学院前院长、资深教授哈瑞·刘易斯写了一本书叫作《失去灵魂的卓越》。他说，现在的哈佛越来越背离了它的初心，它追求的是一些才能的卓越，却忘了我们本科教育的根本目标，是让学生成为具有社会责任感的人，成为堂堂正正的人，成为求真求善的好人。

人生在世，短短几十年，我们应该追求成功。有一些成功是无需灵魂的，如果你没有灵魂，反而可能取得更大的成功。但是我希望，不管在今后的人生中怎样谋求自己的发展，都不要忘了世界上还有一种东西叫"灵魂的卓越"，它跟你在现实功利层面是否成功，其实是没有必然关系的。只有具有同等能量的人，才能相互识别，只有一个灵魂卓越的人，才能够识别和认出另一个卓越的灵魂。世界上有这样的东西。

牛津大学影响了整个世界，它成立于1167年，在这将近千年的历史中，它培养了无数杰出的人物。但有意思的是，在牛津的官方宣传资料中，几乎看不到这些成就，这所英国最古老的大学，甚至从来没有举办过一个像样的校庆。这是为什么呢？因为对学术、对真理的追求，让它畏惧名利，让它甘心与名利保持距离。这才是它之所以是牛津的原因，这就是它不一样的地方。在这里说"与名利保持距离"，不是说大家不要挣钱了，不要找工作了，拒绝名利。真正与名利保持距离，是指你身处名利场中，你的内心却还能保持清醒，你站得比名利更高，不轻易受其干扰，这才是真正的跟名利保持距离。

所以不是说不要去争取名利，去争取吧，如果你是一个好人，那么钱到了你手里，比到坏人手里用处更大。但是，我们要学着在名利场中保持陶渊明式的"心远地自偏"。将来有一天你们中会有人很有钱，会有人很成功很辉煌，但还是要"心远地自偏"。有一天当你掌握了名利，拥有了名利，那个时候你就能真正明白什么叫作自甘与名利保持距离。

知识分子

我的导师曾给我写过一句话："不管你将来从事何种职业，希望你能尽心尽力。你需要注意一点，知识分子当是社会的良知。"有的时候，有些音乐、有些书籍、有些画面、有些文字，会让人有一种倒抽一口冷气的感觉。我导师当时给我写的这句话，就给我一种倒抽冷气的感觉。我当时在加拿大，正坐着一辆公交车从学校回家，路很长，路边都是原始森林，我看着窗外黑沉沉的一片，却有一种幸福感，那一刻我感觉自己的心很大，大到能与天地合一，我觉得自己无论做什么，从此都找到方向了。

不管你从事什么行业，有怎样的人生境遇，你都要尽心尽力。尽心尽力，不是说你要对这件事情本身作出多大的牺牲，而是意味着既然你要花时间做这件事，就不要辜负了这些时间，也不要辜负了度过这段时间的那个你。然后，你还要始终记得，知识分子当是社会的良知。

我们很多时候都觉得，我能进名校，是我自己有才能，是我脑子聪明智商高。其实不是这样的，你能进名校是因为你足够幸运。

在社会上，有很多孩子也许比我们聪明百倍，但是他们的经济条件不足以让他们有机会读书，有机会施展他们的聪明才智。他们年纪轻轻已经在外面谋生了，因为家里等米下锅。他们或许比你聪明，但他们没你幸运。为什么知识分子要成为社会的良知？是因为有些人没有那么幸运，所以我们要好好学习，成为社会的良心，把我们的幸运与他们分享，让我们的幸运也能成为他们的幸运，让我们的存在、我们的成功也能给他们带去幸运。这就是我之前说的：你要活成一束光。

你能有这样一个机会进大学，是因为你的家庭经济条件可以供你上大学，是因为你考试的那天一切顺利。或者说，现在的教育机制比较适合我们，所以在这个教育机制中，我们成了优秀者，这一切都是造就你能进大学的条件。如果换一个家庭，换一个处境，换一种教育机制，你未必能进大学。所以不要以为你的成功都是因为自己才能超群，不是这样的，就是因为你足够幸运。我总是倾向于这样思考：如果我胜利了，那是我幸运；如果我失败了，那是我无能。没有什么值得你不可一世的，碰到问题，人应该多从自己身上找找原因。

所以，只有社会的良知才能被称为"知识分子"。如果知识分子不是社会的良心，那他的知识是一种可耻。所以，如果我们的大学只是让你看得见那些伟大的专家，却看不到我们身边一些平凡而美好的人，如果我们的大学只是让你崇拜和效仿那些成功人士，却没有激起你对伟大心灵的追求和敬意，那么我告诉你，其实我们的大学也已经失去了"灵魂的卓越"。

复旦大学以前有一个校训，叫"团结、服务、牺牲"。什么意思呢？就是我们要团结我们的同胞，人和人不是彼此竞争夺食的狼与狼，而是同胞，所以，不要相互伤害，而要相互帮助，这就是"团结"。然后，请你去服务其他人，因为你进大学是如此幸运，所以你要用行动把你的幸运与他者分享，让你得到的这一点幸运化为众人的幸运，这就是"服务"。最后一点，不要害怕牺牲，因为能够付出才足以证明你很强大，能够奉献才足以证明你是那么富有，只有强大的人才有力量去"付出"。

"大人"的历史渊源

我们来从词源上说说"大学"。"大学"最古老的含义，指的不是某个高等学府，不是一所高级培训机构。"大学"就是"大人之学"，它和"小学"，也就是"小人之学"是相对的。我们要搞清楚什么是"大人之学"，先要搞清楚什么是"小人之学"。我们长期以来对"小人"两个字是有误解的，我们觉得"小人"就是道德品质恶劣、奸诈阴险的人。现代人对"小人"的定义和古代完全是两码事。你一听"小人之学"就会纳闷,小人还要学?还真是!因为你要不学,连小人都当不上了。

所以我们先来看看在古人那里,什么叫作"小人之学"。

古人从八岁开始学小学,小学就是相对来说比较小、比较浅的学问——"洒扫、应对、进退、礼乐射御书数"。什么叫作洒扫?洒水扫地,个人卫生,基本的家务你要会做。有一些女同学啊,你不要以为不会做家务就说明一个女人很优越很高级。你会做,但你不必做,算你有本事。如果你根本不会做,那就是无能,有什么好骄傲的呢?第二个"应对",是指你要学会待人接物,处事大方,为人得体,你要学会和父母、同学、同事、路人等不同的人相处融洽,你做到了没有?你生活中有那么多人,这个人传来一个正能量,那个人传来一个负能量,你要学会回应来自不同方向、不同性质的能量,这个叫作应对。

第三个"进退",包含了行动力与定力两个方面。这里的"进",指的是你该行动时就要果敢;这里的"退",指的是行动之外,你要学习一种静守的涵养。你要知道什么时候该言语,该有所作为;什么时候该沉默,该有所放下。审时度势,领会时机。

"礼乐射御书数"就是我们古代所说的"六艺",是指对我们身心有益的六种技能。礼，礼节；乐，音乐；射，投射，也可以泛化为体育；御，会驾驶马车，要有驾照；书，书法；数，算术——这六种技能。

这些知识与技艺是八岁的小孩需要开始学习的，只有学会了这些，这个小孩才算是小学毕业，成为了一个合格的"小人"。学习"小学"有什么意义呢？朱子一言以蔽之："于洒扫应对进退之间，持守坚定，涵养纯熟。"

所以很多时候，不要以为你去做家务就是浪费时间，这世界上没有一样东西不通向真理。哪怕只是扫个地，有的人就能做得特别好，你能做到60分，他却能做到90分。做同一件事，在你手里是个"作业"，到他手里就是个"作品"，就是不一样，人和人的关键差别就在这里。而洒扫进退应对这些看似琐碎的小事，做好了，就是一种教养，可以让自己持守坚定，涵养纯熟。

当古人习得小学之后，懂得了如何洒扫应对进退，知道了如何在人情世界中为人处世，然后还要略通音乐，还要文武双全，这样才算一个合格的小人，才能从"小学"毕业，转而进入"大学"。

大学和小学的本质是天壤之别。什么叫大学？大家都会背的《大学》，开篇就说了三大纲领："大学之道，在明明德，在亲民，在止于至善。"大学之为大学，首先就要对人心内在光明的良知与德性有所自觉，有所弘扬，然后，还应该致力于去启蒙和更新民众的精神气象。"在亲民",就是你的存在应当给你身边的人带去光明,带去力量,而不是使人因为你而感到崩溃。凡是接近你的人,因为认识了你,他觉得生活更可爱了。最后,大学之道,"在止于至善"。什么叫"止于至善"?就是致力于将"至善"作为自己一生的追求。因为至善永不可达,所以重要的不是达到"至善"这个结果,而是在追求至善的路上,不断自我完善、自我进化、自我超越的过程。正是这个过程让我们循序渐进靠近至善,也正是这个过程,在不知不觉中让我们成长为一个伟大心灵,一个顶天立地有浩然正气的"大人"。

常有学生问我,我们进大学是学什么?学知识、学技能对不对?我说,对的,但不止于此。我们在大学里,学的不光是知识与技能,还有如何修养自己的人格,如何拓宽自己的心量,如何让自己成为一个有胸襟气度的"大人"。什么叫"心量"?就是一个人内心的容量。什么叫"容人之雅量"?就是你要拓宽心灵的容量,让它容得下更多人,容得下那些和你不一样的人,这意味着,要容得下那些你看不上的人,也容得下那些比你更优秀的人。后者其实挺难做到的,我们有时候不喜欢一个人,不是因为他不好,而是因为他很好,比我好,这让人很生气。所以要拓宽自己的心量,让自己更大度豁达;要修养提升自己的人格,让自己尽可能越活越接近于天下之至真至诚,这样才能养出传说中的"人格魅力"。所以进大学有两个任务，这也对应"大师"的两个层面——第一个任务就是要学习知识技能，有朝一日，你会成为某一领域的专业人士，某个才能卓越的专家；第二个任务，就是完善自己的人格，让自己活得更大、更宽广、更赤诚，这样的话，你可以成为一个更健全、更强大的人，你能够活出一个最圆满的你。

有的人身体上残疾，精神上健全；有的人身体上健全，精神上残疾。所以，要让自己活成一个真正健全的人，就不能让自己精神上残疾。"大学"就是在帮助我们学习一种精神的健全。

所以简言之，"大学"就是"穷理正心，修己治人"的学问。

穷理就是探求真理，永无止息。什么叫真理？对于理科的同学来说，所谓"真理"大概就是自然规律——宇宙运行的大道，物理世界的生成法则。但其实，"真理"还有另一个更人文的层面，我们称之为"天理"，那是在道德意义上的。所以，穷理也就是追求这两种真理——穷尽物理之力量，同时要明晓天理。

然后，什么叫"正心"？就是要保持内心公正。一个人能够活得公正无私、光明磊落，其实真的是很痛快的一件事。那怎么正心呢？要时不时反躬自省，自我审视，看清自己的"正"与"不正"，然后"去其不正，以全其正"。你以为"正心"只是一种自我道德锤炼，让自己变得更善良，更利他？并非如此。当你的心是正的，你整个人就是正的，你说话做事都会自带正气，这会使你变得很有气势，很有力量。

再说"修己"。首先是要"修己之身"——修养好自己的身体，修养好自己的皮囊，为什么呢？革命的本钱啊。你的身体是你精神的载体，是你思想和灵魂的执行者，所以要有好的活法、好的吃法、好的健身方法，来修好自己的身体。同时，还要"修己之心"——修好你的这颗心，让它不要被腐化、被扭曲、被污染，让它纯洁如初、清澈见底。我们经常听到一句好像很玄奥的话，说"人生就是一种修行"。可是什么叫修行？其实这话一点都不高深。所谓"修行"就是在行动当中修正你自己——你觉得不对的想法、看法、说法、做法，你把他修正，就这叫修行，这就是"修己之心"。

因为你修身了，你的"身"会越来越健康，越来越美好；因为你修心了，你的"心"会越来越健康，越来越美好。你的心会因为健康而富有活力，会因为美好而产生一种深深的喜悦。所以这个修己，其实说到底就是一个人的自爱。不要以为爱自己就是让自己变得更自私，什么都要，什么都不肯损失，其实那不是自爱，而是自我戕害。一个真正爱自己的人会让自己有朋友，有爱人，让自己的生活里总有友善与柔情，而自私会破坏这一切。所以，自私不是自爱，而是最大的一种不自爱。

修己是自爱，那么，治人就是爱人。你学会了如何自爱，就要把这种爱推己及人，要学会如何去爱别人。自爱是修身和修心，而爱人也是一样。所以，治人就是要怀着一份关爱，治人之身、治人之心。

天下之善莫善于治人，天下之恶莫恶于毁人。"治人之身"说到底就是"救命"——关键时候帮一把，治他的病，救他的命；"治人之心"说到底就是"安心"——需要的时候说一句体己的话，做一点贴心的事，度他一程，让他平静下来少一点焦虑，安好他的这颗心。这两者都是功德无量。

世上最恶的莫过于毁人，毁人也不只是"毁人之身"。你伤害他的身体发肤，你杀了这个人，是对他的一种毁。但另外一种"毁"同样恶毒，那就是"毁人之心"，就是毁掉他生活的希望，毁掉他求生的意志，毁掉他的梦想与尊严。

"穷理正心，修己治人"，是事关生命的大学问，所以叫"大学"。我很喜欢法国作家夏尔·波德莱尔，他有句话让我印象很深，他说，这世界上只有两件有价值的事：第一件是你深感惊喜；第二件是你使人惊喜。延伸开去，我觉得这世界上只有两件有价值的事：第一，你要好好活着；第二，请你在自己好好活着的同时，帮助别人好好活着。再有：第一，你要尽一切努力，让自己活得幸福；第二，在你获得幸福的同时，要给别人幸福。

这世界上只有两件有价值的事情：第一，你要活得心安；第二，你要使人心安。这世界上只有两件有价值的事情：第一，你要满满地制造正能量，这种正能量像内心的一束光一样，会让你穿过生活中时不时来临的黑暗；第二，在关键时候请给你的朋友、给你身边的人匀一点正能量，帮助他们度过所经历的黑暗。

以前我在学校里面跑步的时候，半道老被人拦下来，然后问我一些深刻的话题。虽然跑步砸了，但还是值得的。比如曾有人问我，怎么样才能对人类有贡献？我说："你要改变全人类，先改变你自己呀。然后把你的爱由近及远地传出去，不知不觉你就会改变很多人，或许会改变全人类也未可知。"其实我们活着就要做一个点灯的人，你点亮了这个人的一盏灯，而这个人可能就是下一个圣雄甘地，他可能就会点亮一片星空，点亮全人类。所以不要小看你身边每一个看似平凡的人，对他好一点。

小学——社会之学，处世之学。不要小看小学，把洒扫应对进退做好，也不容易的。把小学学好了，你就会成为一个做事得体、落落大方的人，变得儒雅优美。

大学——精神之学，生命之学，天地之学。它培养的不只是你的风度，更是你的气度，它教你的也不只是情理，还有天理与情怀。学好了大学，你会成为一个心有大爱、气度雍雍的人，那会使你更高尚。

很可惜，我们的"小学"没有得到足够的重视，所以等我们进了大学，还得给我们的"小学"补课。那么，在你修习小学之余，请你也好好学一学"穷理正心、修己治人之学"，在成为一个合格的"小人"之后，也能在今后的人生当中，活成一个深明大义、仁慈宽厚的"大人"。

孔子在73岁离开这个世界时，说他自己"大节无亏，可以安然去也"。什么叫大节无亏？就是这辈子你没有一个必须要说的谢谢，因为你没有亏欠谁；这辈子你也没有一个必须要说的对不起，因为你没有伤害谁。大节无亏，可以安然去也，我觉得这真的是顶天立地的大人。

有用与无用

社会之学、处世之学——"小学"听起来特别管用是吧。学会了洒扫应对进退，学会了在人情世界迎来送往，游刃有余，还显得风度翩翩。可是，大人之学、生命之学，听上去好像就比较虚，比较玄，比较远，好像没什么用处，是不是这样呢？

很多年以前，在古典义学课的升学第一堂课里，我的老师曾对我们说："你们来大学要学一些有用的东西，要学一些无用的东西。有用的东西能帮助你们谋生，无用的东西能使你们终身快乐。"所以，小学确实有用，能帮助你谋生；大学看似无用，却能使你终身快乐。大学能够让你在今后的生活当中，不管是起还是伏，都饱含深情地热爱生活。小学能使你在外部世界顺利地生活；大学能使你在自己的内心世界找到喜悦、平静与安宁。

我们所说的"有用和无用"的"用"通常是指一种实用性，一种功利之用——它要么能带来衣食住行的生活便利，要么能带给你物质的利益。所以，很多被我们称为"无用"的东西，并不是真的没有价值，而只是说它没有功利之用，不能带来立竿见影的名利上的好处。但这些不实用的东西，自有它超越功利之用的价值与可贵。正是这些看似"无用"的东西才是我们生活的意义，是我们活这一场人生的目的。没有这些看似"无用"的东西，我们就无从寻找满足与幸福。

比如，从实用性的角度来看，爱情就是最无用的一样东西，它占用你的时间，让你无法全身心地投入工作，无法追求功业上的更大成功。有了爱情之后，你不愿再独占任何好东西，而会把你得到的一切与另一个人分享，爱情让你不再自由自在，心里多了很多牵绊，它还给你带来痛苦与眼泪，让你感到自卑与伤心，这是多么不实用的东西。但没有了它，没有了爱，即使你独占了一切，获得了再大的成功，那又有什么意义？当你的快乐没有人真心与你分享，那就只会反衬出更多的孤独。除此之外，道德也是无用的，你能拿它来干什么？道德能给你面包吗？不但不能给你面包，还常常需要你给出自己的面包。友情也是无用的，友情要是有用，那就叫人脉，而不叫友情。真正的友情，你不会向它索取，反而会为它作出自我牺牲。你对朋友不会作出要求，他在那里就够了，世界上有这个人在就够了。

正是这些在经济学上"无用"的东西，这些不具有实用性的东西，让你看到了自己的真挚与温柔。有用的东西能让你看到物质的美好，无用的东西能让你看到一个美好的自己。你会喜欢这样的自己，对这样的自己深感满意，而这更接近幸福的本质。

当然，我们在乎"无用之物"，并不是说我们就不在乎用处。我们也在乎用处，也在乎实用性，但是我们不会把实用性当作终极价值去追求。实用性有价值，但永远不是我们价值排序中的第一位。我们在乎物质，我们也在乎名利，但它从来不是我们唯一在乎的，它从来都不是绝对的主导。我们追求"无用"，因为我们热爱自由——有用的东西滋养我们的身体，但只有那些无用的东西才滋养我们灵魂的自由。

Part 3

人啊，认识你自己

我听到这句话之后，
脑子里面一直只有一个声音，
像晨钟暮鼓般在低低地回响——"人啊，认识你自己。"

为何要自我认知

世界上有个地方，叫作地球的肚脐眼，它就是古希腊的雅典。在这个地球肚脐眼的郊外，三千多年前有一座著名的德尔菲神庙，它是古希腊专门供奉太阳神阿波罗的神庙。现在的德尔菲神庙遗址，已经非常破败没落，但是你依稀还能够想见它当年的简单、朴素、庄重。在这些断壁残垣当中，有一根格外重要的石柱，上面刻着几个字——"人啊，认识你自己。"千百年过去了，这根石柱历经风雨，日久年深，在静默中始终矗立在那个世界的肚脐眼的郊外，向古往今来世上的芸芸众生传递着那一个古老而低沉的神谕："人啊，认识你自己。"

我第一次听到这句话是在我大一的时候，在一节西哲史的课上，当时我就有一种倒抽冷气的感觉，心里有一种莫名其妙的感动，好像这句话不是我从外界听到的，而是已经在我的心底、在我的梦里回荡了很久很久，回荡了半生。我听到这句话之后，这节课上的其他内容我都觉得只是飘忽而过，脑子里面一直只有一个声音，像晨钟暮鼓般在低低地回响——"人啊，认识你自己。"

感动之余，我也产生了一个疑问。古希腊是一个神、人、兽共处的社会，在这个成员如此多样、结构如此鲜明的社会当中，为什么太阳神阿波罗只要求"人啊，认识你自己"，为什么他不说"众神啊，认识你自己；宙斯啊，认识你自己；雅典娜，认识你自己"？为什么他不说"小猫小狗啊，认识你自己；小动物们，认识你自己"？为什么不是这样？为什么单单只说"人啊，认识你自己"？这个问题花了我很长时间，后来我觉得我终于把它理清楚了。

古希腊的社会结构中，有神明阶层，有人类阶层，有兽类阶层。那么，什么叫作神明？大家要知道，神之为神，不是因为他能够长生不老，也不是因为他能够玩弄一些神迹，手到病除，起死回生。那什么是神明？西方有一则故事，说的是犹太人问他们的神："Who are you（你是谁）？"他们的神给出的回答是："I am who I am.（我就是我）"——换句话说就是，我知道我是谁，我成为我所是。

所以，神之为神，就是因为他始终知道他是谁，他始终成为他所是，他始终有清醒的自知，他始终活成他真实的样子。他不像人类那样，容易被世人的舆论所左右，从而看不清自己；也不像人类那样，总是掉入各种闹剧当中，被这个人支配，被那个人操控，始终无法主宰自己的命运。

那为什么小动物也不需要认识它们自己呢？我觉得老天的安排，体现了他对兽类格外的仁慈，那就是，兽类无须认识它们自己。在上天的计划当中，这些小猫小狗小蚂蚁小鸟，它们就应当在与生俱来的天真无邪当中，跟随着它们的自然本能，享受它们生命的喜怒哀乐，度过生老病死，它们无需认识它们自己。

由此可见，神明之为神明，是因为他始终保持着清醒的自知；而兽之为兽，是因为它始终保持着不自知。那人呢？这下尴尬了，他介于神明和兽之间。当达尔文的"进化论"刚刚问世的时候，坊间就流传着一幅图画，里面有一个像人一样的生物，他的上半身是神，下半身是猴子。这幅画某种程度上表现了，人之为人，似乎就是神与兽之间的一个半成品，一个两头不靠的过渡阶段。

神全然自知，兽全然不自知，人呢？我们扪心自问一下就知道，有的时候我们自知，有的时候我们不自知。而当我们不自知的时候，我们会感到茫然，茫然的我们与困兽无异。当然，与兽类相比，我们确实有所自知，比如知道自己的身高、体重、相貌、胖瘦，知道自己的家境，知道自己每个月的生活费，知道自己接下来想买什么。但是人很多时候又是如此不自知，不知道自己是个怎样的人，不知道自己到底想要什么，不知道怎样做才能让自己发自内心感到幸福。

很多年前读《哲人言行录》，其中有一位伟大的古希腊哲学家叫泰勒斯。他的一个门生问他："这世界上最难的事情是什么？"泰勒斯不假思索地回答："认识你自己。"另外一位伟大的哲学家尼采也说过相似的话，他说："你知道吗？离每个人最远的恰恰就是他自己，我们对很多东西都有知，但对我们自己，我们却不是一个知者。"

人啊，处在一个神和兽之间不上不下的位置，他时而像神一样有清醒的自知，但大多数时候，人类和兽类也差不太多。他知道自己很多表层的皮毛的东西，但他不了解自己的内心，不明白自己的精神追求，也不懂自己的灵魂，所以他常常对镜中的自己感到陌生与迷茫。中国人常说"人贵有自知之明"，一个能够常保清醒的自知者，其实就是精神的高贵者，就像老子、庄子、孔子、孟子、释迦牟尼、耶稣、苏格拉底，这些人破除了尼采所说的"离自己最远，对自己一无所知"的这个人类的诅咒。而当一个人能够像神明一样清醒地知道我是谁，尽力地活出我所是，他已然近乎半神。

《小王子》里面有这么一个故事，某个星球上的国王对小王子说："审判自己比审判别人难多了，一个人若能够审判自己，他一定是一个真正的聪明人。"这是一种儿童的语言。一个人必须要有自知之明，才能够真正学会如何评价自己。人要成长为一个聪明的人，这一关几乎是不能回避的一个坎。

视觉之光与精神之光

古希腊的箴言很多，每一句都堪称经典，特别朴素，特别简单。朴素的东西都特别简单，但是比华丽更华丽的往往就是朴素。下面分享几句我最喜欢的箴言。

第一句，"保持内心的沉静"。前文我们说过一句话——净极光通达。池塘的水，当它很静的时候，往往污泥什么的都沉淀了，你能够一眼看到底。同样的道理，一个人内心很沉静的时候，就会心无杂念，你的内心就会很纯洁，用纯洁的心看东西，往往一目了然。所以保持内心的沉静，就会"净极光通达"。

第二句，"学会倾听"。很多人做了错事，会辩解说，我当时不知道什么是对什么是错，这是借口。其实，你做一件事，是对还是错，你心里是知道的，不需要经过大脑的反复权衡。这就是为什么你做一件错事时，会不自觉地脸红心跳，不自觉地心虚心怯。其实真理一直在你耳边窃窃私语，你只需要保持内心的沉静，学会侧耳倾听。

第三句，"做你认为正确的事"。这句话我在留学的时候，在澳大利亚的一所大学里也看到过，就写在教室的墙壁上。这句话里有很深的信任，它相信你有足够的判断力，能辨明是非对错。但重要的是，知道了就要去行动。

这么多箴言，为什么阿波罗偏偏把"人啊，认识你自己"作为他神庙石柱上的标志性格言呢？我们再来深入探究一下，阿波罗到底是谁呢？太阳神。太阳神掌管什么呢？光。我们用光来干什么呢？看见。因为有了光，我们才能够看见——I see。但是"I see"这句话有很多含义，第一个含义是"我看见了"，第二个含义是"我明白了，我懂了"。所以，阿波罗意味着太阳神，太阳神意味着光，这里的光要分成两种。第一种光，是我们外部世界的光，用来照明，比如说自然界的阳光、月光、星光，以及人工的电灯、烛火。我们借用这外部世界的光来让我们的视觉穿透黑暗，看清事物的外部形象，这是第一层光所带来的"I see"。哲学家黑格尔有一句富有洞察力的话，他说："照明系统和人类的思想之间有一种微妙的启蒙关系。"仔细回味一下，两者确实有一种神秘的关联。我们有句成语叫"心明眼亮"——你的眼睛其实是你心灵的窗口，所以当你的眼睛通过照明的光"I see"的时候，某种程度上你的心被点亮了，你的思想也被点亮了。

所以照明系统的发明，烛光也好，灯光也好，使得我们摆脱了大自然昼夜交替的制约，突破了黑暗强加给我们的视觉上的局限性，我们从此拥有了光明的自主性，摆脱了大自然昼夜交替的必然性的束缚。为什么古人"日出而作，日落而息"？你真以为他们有特别良好的生活习惯吗？或许吧，但主要还是因为没办法啊，没有照明，黑魆魆的，你能干什么呢？只能睡觉，只能"日落而息"。而现代人发明了自己的光照系统，从此摆脱了大自然对于时间的主宰，我们开始自己主宰时间，自己安排作息，所以说，照明对人类有划时代的意义。

"I see"格外重要，我们中文里有一句话叫"眼见为实"，英文里也有相应的"Seeing is believing"，说的就是黑暗具有一定的欺骗性，它能够遮蔽很多的真相，制造很多的盲点。而人是一种很奇怪的动物，常常以为自己看不见的东西就是不存在的。你每次和朋友说别人坏话的时候，说完会环顾四周，担心隔墙有耳，为什么呢？就是因为我们总觉得看不见的东西就不存在，其实它存在，可能和你只是一墙之隔而已。你认为它不存在，只是因为你的目光还没扫到它那里，它是你视觉上的盲点。然而，光改变了这一切，它照亮了我们的黑夜，使得原本处于昏暗当中的林林总总，开始出现在我们的视野当中，改变了我们一些陈旧的看法。同时，光也照亮了包裹着我们的这个冷寂、幽深、广漠的宇宙，让我们看到宇宙旁边那么多与我们长久为伴的行星、卫星。所以光明所到之处，黑暗驱散，真相大白，无知尽扫。所谓的"光"，其实是一个去昧的过程，去除遮蔽，云开月明。

前一段时间我和一个朋友聊天，他突然问我一个问题："你觉得人最害怕什么？"我说："大多数人应该最害怕死吧。"他说："不，我觉得人最害怕黑暗。人对黑暗一定是格外恐惧的。人为什么害怕孤独？因为孤独就是内心的黑暗。人为什么害怕死亡？因为死亡就是永恒的黑暗。"我想确实是这样的，人一定非常害怕黑暗，所以在西方的信仰中，他们的神创造世界的时候，第一个就是"要有光"，于是有了光。人一定非常害怕黑暗，所以"光明"一词对人类而言意义非凡。

精神之光反观自身

我们常说 "眼见为实"，但其实人们总会有这样一种意识——眼见未必为实。因为我们看见的可能仅仅是假象，有一些真实的东西，我们是看不见的。

你们从来不觉得奇怪吗？为什么丘比特射箭的时候要蒙着眼睛，他为什么不睁开眼睛？为什么法庭门口的正义女神也是蒙上眼睛的？为什么《荷马史诗》的作者荷马是个盲人？要知道，丘比特必须蒙上眼睛，正义女神必须看不见，荷马必须是盲人。为什么呢？《小王子》告诉了我们原因：只有心灵才能够洞察一切，用眼睛是看不到事物的本质的。他们必须蒙上眼睛，他们必须看不见，因为，世界上真正重要的东西，不是你能用眼睛去看的，而是要用你的心去看。

只有用你的心去看的时候，你才能够看清楚本质与真相，所以冥冥当中，我们感觉到我们还需要另一种看，另一番"I

see"。我们不但需要用眼睛看，还要学会用心去看；我们不但需要看清事物的外部形象，还要洞悉事物的内在属性。当我们看一个人的时候，不但想看到他的外表，也想看到他被外表包裹起来的那颗心、那个灵魂，所以我们需要另一种光——这种光带来的不是视觉上的清晰，而更多的是精神上的明澈。所以第二个层次的"I see"产生了，它指的就是"我懂了，我理解了，我明白了，我觉悟了"。

它代表的是一种生命的智慧，它不再借用外部的照明之光，而是借用人内在的精神之光，因为唯有人内在的精神之光，才能够穿透现象直击本质。而一旦人的精神之光被点燃，整个存在就会发生一次振荡。光和人的思想之间就像黑格尔所说，有一种莫名其妙的启蒙作用，一旦人拥有了精神之光，他其实就获得了掌握真理的力量。这种掌握真理的力量，使人类作为一个身体上会腐朽的渺小存在，却能在精神上堪比众神。

人的力量到底从哪里来？如果要搏斗，你是斗得过熊，还是斗得过老虎呢？连一条蛇、一群小小的蚂蚁就能把人摆平，那人的力量到底在哪里呢？人最强大的力量，来自他的内在，来自他的精神之光。你想想看，古希腊神话中的普罗米修斯，从神界盗火种到人间，宙斯大发雷霆，给他降下了灭顶之灾。你可能会不以为然，不就是个火种吗？地球人用这个火种烧烧饭、暖暖脚，宙斯需要这么勃然大怒吗？还要把普罗米修斯挂在高加索山上，让秃鹫每日啄食他的内脏，周而复始永无止息，如此残酷的刑罚，到底有必要吗？我们要了解一点，这里的火种意味着一个持久的光源，它具有象征性，普罗米修斯带给人类的不只是一颗可以烧饭的火种，而是光明，这种光明不只是视觉上的光明，更是精神上的光明。人们通过这精神之光，能够超越现象界，进入思想界，能够穿透视觉可及的现象，抓到视觉所不可及的本质。正是精神之光，赋予了人类这样一种非凡的力量，让人们能够用自己的心灵洞悉一切真相。

所以我觉得，人这样一个什么都不行的物种——力量不及熊，速度不及豹，食量不及猪，这样一个什么都不行的羸弱的小物种，却能够拥有思想，你还有什么理由不相信奇迹？这样一个什么都不行的物种，竟然能够从内在生出一种精神之光，这精神之光能照亮整片宇宙，这不是宇宙间最大的一个奇迹吗？当人点燃了自己的精神之光，他才真正和其他的植物动物都不一样了。否则，人类和芦苇到底有什么本质区别呢？我们在生物界都是那么渺小，那么脆弱。而人的伟大之处就在于，每当一个人的精神之光被点燃，整个存在界就会发生一次蜕变。

自我认识的东西方差异

太阳神阿波罗象征着光，通过这个外界的照明之光，我们能够看见事物的外部形象；太阳神阿波罗象征着光，通过人类内心的精神之光，我们能够穿透事物的外部形象，洞悉其内在本质。前一种"I see"代表了人的视觉，后一种"I see"代表了人的智慧。

"I see"是指我看见、我明白，那么"what do I see"？我到底要看见些什么，又要明白些什么呢？在这里，东方与西方一个向外走，一个向内走，于是就出现了东西方两种文化的差异。

在"看"的方向上，西方文化最初选择了向外求索，他们的回答是"I see the world"——看这个世界。所以你会发现西方文化很多时候更注重去了解这个物质的世界——它是由什么构成的？它最初从哪里来？人，作为一个生物体，他的生理结构到底是什么样的？

如果你去看西方哲学史，你会发现，最初的古希腊哲学史就好像是一部物理学启示录，它更像是科学的起源。拥有群星灿烂的哲学家的古希腊哲学，就起始于这么一个基本的问题：世界的本源到底是什么？

古希腊最伟大的哲学家之一泰勒斯，是但凡读西方哲学史都绕不开的一个人。他被称为"哲学史第一人"，就是因为他说了一句话——"水是万物的本源"。你要是能第一个说出这句话，你也会垂名史册。"水是万物的本源"，水是泰勒斯在宇宙万物中发现的一个共性。

　　西方哲学史由此拉开序幕。接下来还有一位哲学家叫阿那克西曼德。他说，世界的本源并非如此简单，世界的本源是一种不可定型、难以定性的东西，它演化出冷热干潮等彼此对立又相互转化的元素，在它们的运动变化、相生相克中，世界应运而生。

　　在他之后，又有一位哲学家，名字和前面这位有点像，叫阿那克西美尼。他当时说，不不不，你们都错了，气才是世界的本源。无论是火还是水，看似全然不同，但实际上都是由气体的稀释或气体的凝聚转变而来。

　　后来，又出现了一位了不起的富有创见的哲人叫毕达哥拉斯。他说，你们说的都太具体，我的说法更为神秘、玄妙与抽象——"万物都是数（number）"。我当时读到他这句话的时候，精神为之一振，禁不住五体投地想要膜拜，太厉害了！他简直就是先知，几千年前就预告了当下这个数字化时代的到来。

　　之后又来了一位哲学家，叫作赫拉克利特，他说，世界的本源不是水，而是火，因为世上万物都是无常，就像火焰一样，在死与不死之间永恒变化，从无定型。你会发现，这个探讨宇宙本质的过程似乎不知不觉中正从具象走向抽象。这一场发生在水、火、气之间的争论，到哲学家恩培多克勒那里，似乎得到了一个皆大欢喜的结局。他总结说，世界有四种原始基质——土、气、火、水。至此，前几位哲学家对万物本源的探讨似乎得以握手言欢。我不知道这跟现在流行的星座文化中的风、火、水、土四象有没有什么关系，但总觉得几千年前的哲人真的具有一种伟大的直觉和想象力。

而哲学家德谟克利特则坚信，世界的本源是一种不可再分的最小微粒——原子。原子在虚空中运动，所以包罗万象的世界简化到最后就是原子和虚空。你会发现，在早期古希腊的哲学家那里，哲学与科学之间几乎找不到一条明确的分界线。

我们再来看看西方的医学，路子也是一样。它把人分成骨、肉、皮、血液，其实也没离开恩培多克勒的土、气、火、水的系统。西方医学讲究解剖，把人当成一个物理世界来剖析和分解，各个击破。这就是西方文化"I see"的方式，他们向外求索，用精神之光观察和审视环抱着我们的这个大千世界——天文地理、风土人情。他们对自然世界的浓厚兴趣和深入认知，带来了科学和技术的进步。但是最初的西方文化却有一个特点——明物力而不晓人心。记得罗素说过，西方文化能够带来世界的进步，但是东方思想才能够滋养人心。

在这里，我对西方文化既没有崇拜，也没有轻视，作为一种有别于东方文化的文化现象，它和东方文化没有高下，各有千秋。一个人如果要健康地行走，两条腿缺一不可；一个人要想在物力与人心之间皆有所得，就不能对东西方文化厚此薄彼、心存偏见。

西方文化将目光与思想指向人心以外的这个大千世界，它向外求索，追问世界的根源，追问人作为世界的一部分，具有怎样的属性。而东方文化将它的目光与思想转向了人心以内的那一片精神世界，它向内求索。西方文化看世界，看天空，看土地，看高山和大海；东方文化看自己，看自己的心，看自己的本色与天性，看悲欢离合中人心如何受困与解脱。我曾经读到过一句有趣的话，说人为什么会睁眼与闭眼，人睁眼是为了看这个世界，而人闭眼是为了看自己。东方文化追问世界的方式、追问存在的途径，不是问天问地，而是扪心自问，所以我们长久生活于其中的东方文化，格外注重反躬自省，格外注重明心见性。

这就是为什么西方文化发达的是物理学、化学、科学、解剖学；而东方文化发达的是玄学，它的哲学、物理学、艺术、医学都只是玄学的各个分支。不过也是，还有什么东西能比人更玄呢？

所以，你会发现"认识你自己"虽然成名在古希腊哲学，但是真正在实践它的其实是东方思想、东方精神，当然也包括我们中国的传统文化。我们传统哲学中的儒家、释家、道家，关注的焦点，一言以蔽之，就是人生与人心，最终追求的都是一份明心见性的自知之明——看清自己的心，看清自己的本性，然后在这个明心见性的基础之上，修心养性，把自己的心性修养好了，关键时候就能自己给自己制造一种精神的力量，为自己找到一套自我疗伤、自我解脱的办法，然后当别人需要的时候，还能够治人。这就是东方思想的逻辑，借精神之光向内求索，反观自身，看清自己，明见自己的心性，然后修心养性，自助助人、自度度人、自安安人，在帮助自己的同时尽力去帮助别人。由内而外，由近及远，推己及人，一切从"心"开始。

　　这里分享一个小故事，是苏东坡和一个和尚的故事，这个和尚是苏东坡的好朋友，名叫佛印。众所周知，苏东坡才高八斗、学富五车，诗才也好，书法也好，都胜人一筹。他每一次在外面显摆的时候都很嘚瑟，唯独和佛印在一起斗法的时候，每每都败下阵来。苏东坡非常生气，非常不甘心，一直想着要找一次机会把一切都扳回来。某一个阳春三月的午后，和风习习，苏东坡和佛印两个人，同坐在西湖边上一个凉亭当中，泡上一壶热气腾腾的龙井茶，互不相扰，也不怎么说话。不要以为不说话就是互相之间没有交流，说话其实是最浅的一种交流，两个人真的彼此相熟、心意相通，哪里还需要言语对话来交流？一举手一投足、一颦一笑，都是交流。这种交流意在言外，妙不可言，往往无声胜有声，这恰恰是知己好友之间的妙趣所在。

因为外面春光和熙，暖风拂面，然后热热的龙井茶喝下去胃里面也热腾腾的，佛印感到非常惬意舒适，于是他就开始在自己的蒲台上打起坐来。因为外面也热，里面也热，他打坐的时候，头上竟然升起了袅袅蒸气。苏东坡一看，乐了，计上心头。于是问老和尚："佛印啊佛印，你看我坐在这里像什么？"大家知道苏东坡胡子一把，大腹便便，格外富态。于是佛印就笑眯眯地对他说："东坡兄，我看你像一尊佛。"来而不往非礼也，人家苏东坡都问佛印了，佛印好意思不作回应吗？我觉得真正的高手往往就像佛印这样，明知道你在给我下套，我却乐意将计就计，进套陪你玩玩——这是一个游戏，也是一份童心。所以佛印也十分配合地回问了一句："东坡兄，那你看我坐在这里像什么？"想象一下，佛印当时正在四肢交缠地打坐，头上蒸气腾腾。苏东坡就说："我看你像一坨牛屎！"佛印一笑置之，也不生气，也不辩解。

那天苏东坡心情格外美好，颠着大肚子一路小跑，逢人便讲这件事，大家都对他盛赞有加。等他回家之后，看到了家里又一个很有才的人——苏小妹。要知道，苏家是没有等闲之辈的。当时苏东坡看到苏小妹就很高兴，和她讲了这件事情的来龙去脉："他说我是佛，我说他是牛屎，你看我赢了！"谁知苏小妹一听，一拍桌子，戳了戳他的大肚子，对他说："我看你是输了。"苏东坡不解："我是佛，他是屎，我怎么可能输了？"苏小妹说："人家佛印心中是佛，所见之处，处处是佛，那么你呢？"

以何眼观世界，就观到何种世界。一个人的心眼其实不知不觉中决定了他的双眼；一个人的境界其实不知不觉中决定了他的眼界。佛印有佛心，以佛眼观世界，所见之处，处处是佛；苏东坡有贼心，以贼眼观世界，所见之处，处处污秽。

我们平时经常会说到"世界观"这个东西。什么叫世界观？其实就是这句话——以何眼观世界，就观到何种世界。你有怎么样的世界观，就意味着你看到了怎样的一个世界；你的双眼看到了怎样的一个世界，很多时候便印证了你具有怎样的心眼。如果你心眼大，你所见的世界就宽广无边；如果你心眼小，充满了羡慕嫉妒恨，所见的世界也是偏狭。我们常说的"心底无私天地宽"其实就是这个道理。所以，"培养健康美好的世界观"关键在"心"——明心见性，而后修心养性。

知我所是，如我所是

世界上所有的信仰问题、哲学问题、艺术问题，归根到底无外乎三个终极问题——我是谁？从何处来？将往何处去？而这三个问题的核心问题，其实就是第一个——我是谁。因为只有当你确定了"我是谁"，你才能够确定如此这般的一个

你只有找到你是谁，才能够知道你要干什么，
你将往何处去，才能知道你人生的下一步应该怎么走。

"我"，将往何处去，不是吗？

如果我是一只鸟，那么我从哪里来？我从天空家族来；我将往何处去？将飞往无尽的天边。如果我是一条鱼，我从哪里来？我从海洋血统来；我将往何处去？将游往海洋的深处。如果我是一只苹果，那么我的终身使命就是让自己尽可能地多汁、甜美；如果我是一只柠檬，那么我的方向就不是像苹果那样去让自己甜，而是尽力地去酸。所以，你只有找到你是谁，才能够知道你要干什么，你将往何处去，才能知道你人生的下一步应该怎么走。

这就是为什么苏格拉底被称为古希腊最有智慧的人。其实他知道的并不比别人更多，他不了解电脑手机，他什么都不懂，但是他却知道一点别人所不知道的——他了解他自己，那就是他说的"我所知便是我无知"。苏格拉底曾遍访名家，他发现那些人是如此博学，上知天文，下知地理，有很多都是他所不知道的，而他的智慧仅在于一点：他明心见性，他有自知之明。如果你听到日常生活中有人说"我所知便是我无知"，你可能会觉得他很装，假谦虚。但是你要知道，当苏格拉底说"我所知便是我无知"时，他确是在自谦，但他也道出了一个事实——无论我们知道多少，我们也还是无知的。你们当中可能有大学者、大律师、大法官、大商人，但既使那样，你依然是无知的，不是吗？"三人行必有我师"，我知道哲学，但我不知道物理，我知道文学，但我不懂厨艺……"我所知便是我无知"哪里是一个自谦，这明明就是属于所有人的真相。苏格拉底说这句话并不是为了表示他的谦逊，而是尊重事实。对于真相的尊重，使他成为了古希腊最有智慧的一个人。正像老子说的："知人者智，自知者明。"明智，就是先"明"后"智"——先要有自知之明，而后才谈得上有知人、知外物、知世界的大智慧。

我们很多时候很爱听这样的话——"成为我自己""做我自己""be myself"。这句话是多么动人，多么带劲，但是当你不了解你自己的时候，你要去成为谁呢？你怎么能成为一个你所不了解的人呢？所以只有当你认清楚你是谁，你才能够尽力成为你所是，只有当你弄清楚你是谁，你才知道这样的一个自己将往何处去，不是吗？

其实人的一生中所做的任何一件事、学的任何一门学问、遇见的每一个朋友、每一个敌人，都是一条路，都通向自我认识。所以世界上最后只剩下了两件事：第一，know who I am，认识我自己；第二，be who I am，尽力成为我所是。人生的所有事件都指向这两件事：认识我是谁，然后努力成为我所是——知我所是，如我所是。有朝一日当别人问你"who are you"，你是谁？你的回答也会是"I am who I am"，我就是我。而当一个人敢说"I am who I am"的时候，你已是半神，你已然成为了与老、庄、孔、孟平级的人，与他们同等能量的人。就像我们中国文化对"神明"一词的解释——神，是精神；明，是明澈。所以，当你活到精神明澈，你已然美若神明。

自爱基于自知

在物理学当中有一个理论，就是"宇宙大爆炸"。说是有一个奇点发生了爆炸，然后就"一生万物"，产生了宇宙。其实，人类的精神界也有这样一个奇点，那就是"人啊，认识你自己"——自知之明。

自我认识，就是人类精神界的奇点。自知的辐射面极其辽阔，由于自知，你发现了一道门，打开这道门，就从无到有（from nothing to everything），你将会看到一片广阔无边的新世界。

之前我们提到"唯真知才有真爱"，就是说，如果你不了解一个人，你怎么知道你爱的是谁？你怎么知道如何去爱他？其实他是一只鸟，但你爱的是鱼，你对他的爱就是把他放到水里叫他去游泳，这样的"爱"怎么可能会美好？所以，没有真知的"爱"最终会变成伤害。

文学家卡夫卡有这么一段话："当你站在我的面前看着我时，你知道我心里的悲伤吗？你知道你自己心里的悲伤吗？"我读到这段话的时候，心里充满感伤。如果你不了解我的快乐，如果你不了解我的悲伤，你真的了解我吗？如果你不了解我，你真的爱我吗？同样的道理，你了解你自己内心的快乐、内心的悲伤吗？你真的了解你自己吗？如果你不了解你自己，你真的爱你自己吗？如果你不了解你自己，你又怎么来爱你自己呢？唯真知才有真爱，唯真自知才有真自爱。

　　一个人只有真正了解自己，才有可能真正地去爱自己。如果你不了解你自己，所谓的"自爱"只是虚无，根本没有方向，不是吗？我们总觉得自己要挣很多钱，要找到一份好工作，要怎样怎样，为什么呢？因为我要对自己好一点，而我们把通过各种方式对自己好一点，称为"自爱"。其实这是舍本求末，你只有真正了解你自己，才会知道什么是真正对自己好。如果你知道你是个苹果，那么让自己变甜，就是对自己好，而让自己变酸就是对自己不好，变酸是柠檬对自己好的方式。所以对你好的，不一定是对我好，没有一样东西是绝对适用于所有人的"自爱"标准。"自爱"因人而异，因为每一个人、每一个自己都不一样，所以"自爱"的关键还是"自知"。唯真自知方有真自爱。

　　此外，唯自知方有真自由。为什么呢？因为一个人只有在了解自己的才能、性情、理想、志趣的基础上，才能够作出适合自己的选择，才能够决定什么才是自己心向往之的前程。每个人都和别人不一样，那么我们想要的东西、渴望的未来又怎么可能是一样的？自由就是了解你自己，并作出你想要的选择，然后扛起属于你的命运。

就像我们之前说过的——清醒的自知、勇敢的选择、坦然的担当。所以，自由的第一前提就是清醒的自知。可能有人会心里犯嘀咕，你怎么知道我不了解我自己？上什么大学选什么课，中午食堂吃什么，都是我自己的决定。大多数情况下我们都以为自己很了解自己，都以为我们是独立地作出了决定，其实未必，我们很多时候，只是在不知不觉中根据自己的习惯作了一个决定，而这个习惯是来自于他人的影响。

你觉得是你自己作的决定吗？不，是你前面的很多人和后面的很多人推动着你作了你自以为独立的决定。很多时候，我们作出一个决定，并不因为那是我们深爱的，或是我们热切期待的，恰恰相反，我们作出这样的决定，是因为我们根本不知道自己爱什么，不知道自己期待什么，所以我们才作了一个大多数人都会作的决定。我们之所以走这条路，并不是因为那是我想要的路，而是因为我们不知道自己的路在哪里，所以就走了一条很多人走过的路。

很多时候，我们以为是自己作了一个决定，其实幕后的很多人已然帮我们作了选择。所以你看，为什么在英语当中，Mr.Right和Mr.Good是不一样的？就是因为，我们很多时候并不知道谁是Mr.right，所以我们最后找了一个Mr.good，你把他泛化了。我们对待工作、对待生活其实也是一样的，我们没有找到一个right job，所以就找了一个good job；我们没有找到

right road，所以就找了一条good road，走上了一条大家都觉得还不错的路。

我们都很反感"平庸"这个词，但是当我们不了解自己，没有清醒的自知之明，当我们所有的选择都只是指向大家认为的"good road"而不是合乎自己本心的"right road"的时候，其实我们正一路滑向平庸。所以，不要反感平庸，它不是自由，却意味着"安全"。

自爱者，人爱之

谁是你的终身伴侣？我们都觉得我们要找一个可以"执子之手，与子偕老"的终身伴侣，其实这是种误解，人如果真有一个白头到老的终身伴侣的话，那就是我们自己。从生到死，与我们朝夕相处、同甘共苦、不离不弃的只有自己。你所认为的那些至亲的人，要不就是半道中进入了你的生命，要不就是半道中会退出你的生命。而从头到尾，从生到死，从摇篮到坟墓，与你一路同行、形影相随的只有一个人，就是你自己。

你是你自己唯一的终身伴侣，但你却不了解你自己，读不懂自己内心的快乐、内心的悲伤，你不觉得这才是人生最大的遗憾吗？其实我们很多时候是自己最熟悉的陌生人，我们努力地不活在社会的边缘，却渐渐地活在了自我的边缘，自己把自己边缘化了。我们经常说"人生得一知己足矣"，可见知己是多么难得，不是你想碰就碰得到的，可遇不可求。不是每个人这一生都会找到这样的朋友，这一半要靠运气，终究不是由你决定的。我们唯一能做的一件事就是，在你找到你的知己之前，先成为自己的知己。

芸芸众生，这么多人都和你擦肩而过，大多数人就像台球桌上的球一样，轻轻一碰，从此四散而去。不是每个人都能找到一生相伴的知己好友，但至少你作为自己一生相伴的同路人，你应该了解你自己，成为自己的知己。在你难过的时候，别人帮不了你，你就应该有一套办法来应对你自己。所以，人唯一的终身伴侣其实只有你自己。当你知道你是一只柠檬，作为终身伴侣，请你帮助自己竭尽全力活成最健康的一只柠檬；当你知道你是人中的一只鸟，请帮助你这个知己飞得越来越高，越来越远，完成一个鸟人的梦想；当你知道你是人中的一条鱼，那么请你基于对这个自己的了解，帮助自己尽力活成一条美丽的人鱼。这才是没有辜负我们这来之不易的一生。

唯真自知方有真自爱，唯真自爱者，人爱之。一个真正的自爱者会珍重自己身上美好的品质，会修正自己身上不那么美好的东西，这是他会为自己做的事情。别人未必会因为你的自爱而对你产生欲望，可能你越不自爱，说不定他欲望越强。但是如果一个人发自内心真的爱你，一定是因为你是个自爱的人，一定是这样的。人们可能会同情卑贱的人，但人们只会爱慕高贵的人，一个自爱者是一个高贵的人，而他的自爱也会使他越来越高贵，越来越可爱。

我有一个朋友，她和她的男朋友之间有这么一段告白："因为我自爱，我遇见了美好的你，因为你爱我，我遇见了更好的自己。"写得挺好的。一个自爱的人，才能吸引来真爱，而真爱会让一个人更加自爱。

自知与知人

生活中我们常把很多注意力、关注点放在对别人的了解上，对名人、对明星、对领导、对同事、对朋友圈里的这人与那人……我们总想看懂别人，这样我们就能变得更主动一些，更高明一些。可是，一个人如果看不懂自己，几乎不可能看得懂别人，这是一个人认知的自然次序。要知人，须先自知。你想想，你和你自己朝夕相处，却都不见得能看懂你自己；而其他人跟你只是在工作上、生活中偶尔相交，有一面之缘，你凭什么就认为你有可能看得懂他？他不一定比你更简单，更透明，更容易看穿。所以，要知人，发力点不在他人，还是在自知。

我很喜欢哲学家萨特的一句话："他人是我，是另一个我，是不是我的我，是我所不是的人。"虽然人和人之间常常是两个世界之间的差别，但即便是两个不同的世界，往往也有一些相通之处。因为人性是相通的，你有悲欢离合，他也有，你对快乐充满热情，你对痛苦难以忍受，他也如此，大致相似。

所以，如果你了解你自己，那么他人不过是另一个你，仅此而已。你的人性也是他的人性。如果你知道了什么是你不想要的，那么你多半也知道了什么东西不应当施加于人，孔子说"己所不欲，勿施于人"，正说明了自知是知人的前提。

所以，人和人很不同，但相互之间的距离也没有那么远，毕竟我们大多数都是平常人，有着平常心。所谓他者，其实就是另一个平常人，另一颗平常心，另一个我；所谓世界，其实就是无数个平常人，无数颗平常心，无数个我。什么叫博爱？其实很简单，就是把他人当成一个平常人，当成另一个我。平常人都会犯错，都有很多脆弱，这是人性的一部分，我自己作为一个平常人也是一样。那么当你真正明白自己会犯错和自己的脆弱，你自然而然就会对他人犯的错和他人的脆弱有了一份理解与体谅，这就是以平常心待人，这就叫作博爱。如果你能原谅你自己，那就用这种态度去原谅另一个我，另一个平常人，另一个平常人犯的一个平常的错，这就叫包容，这就叫博爱。其实没有那么难。

所以，"人啊，认识你自己"，是普罗米修斯历经千辛万苦，从神界盗送到人间的一颗精神之光的火种，为此他忍受了万劫不复的苦难。所以，人啊，不要辜负了这一番苦心，不要辜负了我们这仅有一次的人生。

这世界上有很多一次性产品，而其中最珍贵的一次性产品，就是你的生命，用完了就没了，所以要慎重地使用，要郑重地决定。我们只活一次，你怎么舍得对它一无所知，让它不美丽、不幸福呢？

"认识你自己"，其实是一切学习和修行的起点和原点，这是一个生命的学问，需要你在生命中去学习，用自己的一生去修行。其实，学什么都是一条路，都通向自我认识；走多远都只是一个方向，为了找到我自己。

Part

自我人生的实现

看世界是重要的，但是探索自己也是重要的，
所以向内向外都要有了解，
然后尽力保持平衡，行走中道。

人生的四种选择

一个人认识自我通常有两个角度，第一个角度是他人的评价，第二个角度是自我的评价。然后我把他人的评价又分成了两个部分，第一个是大众的评价、多数人的评价，第二个是知己好友的评价。

我们经常说，人都是从众的，所以应该张扬自己的个性，但是千万不要把"人都是从众的"这句话当成是一种否定。人为什么会从众？因为大众的意见确实是重要的，大多数人的意见确实值得参考。

我们又说，人要有常识，要按照常识做事。那什么叫"常识"？其实所谓"常识"，就是指大多数人的意见。它有可能是对的，比如说"多行不义必自毙"，这就是一个常识；当然，它也有可能是错的，就像科学的发展已经推翻了很多过去的常识一样。所以"常识"这个东西，是个中性词，但大多数人会认可它，至少说明它值得重视，值得我们作为一个重要的参考指标。

大众对于一个人的选择，一般会简单地作出两种评论：要么是good choice，这个选择好；要么是bad choice，这个选择不好。这里的good和bad指的是，你是作了一个最优的选择，还是作了一个大多数人不会作的选择？说得通俗一点，good choice就是大家眼中的"阳关道"，bad choice就是大家眼中的"独木桥"。

自我认知的第二个角度，就是自我的感受。大众会对你的选择给出good choice或者bad choice的评价，但我们还有一套自己内心的评价系统。当我们扪心自问，问自己这个选择作得对不对的时候，我们的答案是——right choice，选对了；或者wrong choice，选错了。

这里的right和wrong，对和错，指的不是符不符合道德标准，而是它合不合你的心意，是不是跟你的精神渴望相一致。说得通俗一点，它是不是你想要的？是不是对你的胃口？是不是你的菜？

大众的评价good choice或bad choice，以及我们自己的评价right choice或wrong choice，如果把它们进行一下排列组合，大致就能得到以下四种情况：

第一种情况，good choice + right choice——你作了一个大家认为好的选择，而它也正是你梦寐以求的。那么这个选择就作得毫无争议，特别心安理得。"心安"指的是合你自己的这颗心，而"理得"指的是符合大众的常理。这样的人一定是个幸运儿。为什么呢？因为社会的趣味和他个人的爱好是相统一的，他应当承担的责任和他的志趣是相统一的。很多时候，有意思的事情没意义，有意义的事情却没意思，但是当good遇上了right，就意味着你做了一件对你自己来说很有意思，同时对大众来说又很有意义的事情，里外都好。这种人往往活得相当舒畅，就像太阳神一样，他在追求他的理想，同时又得到了普罗大众的认同，太幸运了。

第二种情况，good choice + wrong choice——你作了一个大众都认为好的选择，但这不是你真正想要的。这个时候，不管周围的人认为你活得多幸福，其实你的内心都是低落的，无奈的。或许大家都认为你活在人类的巅峰，但你其实活在自我精神世界的低谷，往往很彷徨。

第三种情况，bad choice + wrong choice——你作了一个大家认为挺糟的、不值得推荐的选择，而你作决定的时候，也不知道自己是怎么想的，在作出这个选择之后，你也没有那种发自内心的自由与欢乐。我把这种状态称为"迷茫"。这样的人在我们周围其实挺多的，青春期的叛逆阶段往往就是这样：你们都说抽烟不好是吧？我偏抽。抽烟、喝酒、到处交女朋友。这样的人肯定是不被大众认同的吧，所以他是作了一个大家认为不怎么样的选择，但你说他真的活得多么舒畅欢快吗？也不见得。很多时候只是因为自己已经这么做了，只能装着很开心，撑撑面子而已。

最后一种情况，bad choice + right choice——你作了一个大家都不认可的决定，但是你自己是满意的，你知道那就是你

想要的。虽然大家不理解你，不赞同你，但你的内心是安然
的，你自得其乐。

尼采和梵高

在第四种选择的人里面，出过不少旷世奇才。他们像闪
电一样，划出极为璀璨的强光，撕裂了整片黑暗。在人类历
史上，这样的人不少，他们剑走偏锋，出人意料，不走寻常
路，像一匹黑马一样，开辟了独一无二的非凡人生，让后人
叹为观止。

比如哲学家尼采，他不是一位被他的时代所认可的人。
你知道尼采活着的时候说过什么？他说："我的话是说给两百
年后的耳朵听的。"在与尼采同时代的人里，少有人能真正
理解他，而他的嘴巴是为两百年后的耳朵预备的。在尼采的
时代，他是生活在一片黑暗当中的，这种黑暗就是一种"百年
孤独"。他选择的哲学之路，是一条只有他自己独行的路，没
有多少人能够理解他。尼采的晚年是在深山里度过的，因为他
说，当我写哲学著作的时候，当我思考哲学问题的时候，我希
望我的脚下有土壤，我希望我的头顶有蓝天。尼采很想交朋
友，但终究无法与人为伴，所以他就学着与自然为伴。因为在
山林里深居简出，尼采经常有两个星期什么话都不说，因为没

有人可以说话。他写着他的哲学，用这样的方式自我对话。直到有一天，他少数朋友当中的一个去看望他，虽然尼采那个时候身体已经很不好了，他却仍然送那个朋友，翻了一座又一座山，送得很远很远。为什么呢？因为他不知道自己下一次与人对话会在什么时候，他太孤独了。

尼采孤独得近乎发疯，最后在发疯中摆脱了孤独。尼采是怎么疯的呢？有一次他到城里去，看到一个马车夫正驾着他的四轮马车，可是那匹马半道突然不肯跑了，于是马车夫就下车拿鞭子狠命地抽打那匹马。这时候，尼采就一步奔上去，像抱自己的亲人一样，抱着马脖子，痛哭流涕，以至于晕厥。当他醒来的时候，他已经疯了。他的医生一定是个很实诚的人，因为他给尼采写了这样的一个病历，这是我读到过的最好的病历，他说，这个病人的症状是——他试图去拥抱他身边经过的每个人。他太孤单了。

另外一个例子是梵高。梵高很丑，很穷，很真诚。梵高渴望爱，但他的一生当中没有女人说过爱他。梵高爱过三个女人，一个是房东太太的女儿，一个是他的表姐，还有一个是他请来做模特的一个妓女。因为一直都没有人说喜欢梵高，那个妓女就很同情他，对他说"其实我很喜欢你"。梵高听了之后太开心了！在他的一生当中如果有"面朝大海，春暖花开"的那天，也许就是这一天。于是梵高就像孩子一样问她："那你喜欢我什么呢？"妓女一时语塞，然后随口说了一句："我喜欢你的耳朵。"据说梵高回家之后，就用刮胡刀把自己的耳朵割了下来，然后进行了精美的包装，怀着一份赤诚送给了那个妓女。可以想象那个妓女当时一定吓了一跳，是个人都会吓一跳的吧。可梵高却还是像个孩子一样地说："对不起，我太穷了，什么也送不起，你喜欢我的耳朵，我就只能送给你我的耳朵。"

我当时读到这个故事，就觉得这是一个圣人。有多少人能够做到这样？他喜欢一个人，就会把对方喜欢的、自己能给的一切都给她。这就是圣人。大家都知道《星空》这幅画吧，现在我们很多人都在模仿《星空》，但在梵高活着的时候，他没有卖出过一幅画，他把那些画免费送给画廊，都没有画廊愿意接收。所以，现在拿他的画炒作的那些画廊，都是曾经拒绝过他的画廊。人的命运就是这么奇特，也就是这么无情。在梵高的这幅《星空》里，你会发现很多东西都很诡异，比如里面的树竟然长得比星辰还高，以至于远远地把星辰抛在了脑后，这是很让人匪夷所思的。据说当时有一个人去参观梵高的画室，看到了这幅《星空》，就问梵高："你会画画吗？你有常识吗？你见过日常生活当中有什么树木长得比星辰还高吗？"梵高回答说：*我一直感觉到，用树木去接触星辰是大地的渴望。你不懂我的画没关系，因为大地会懂。*"所以，梵高画的不只是景物，而是天空的渴望、大地的渴望、树木的渴望和他内心对火热的生活的渴望。

每一次闪电划过，黑暗就淡了一层。凡是尼采走过的地方，后来的每一个哲人身上都找得到尼采的影子；凡是梵高走过的地方，后来的每一个画家身上都流淌着梵高的血液。这两个人某种程度上，是拿自己献祭给了哲学，献祭给了艺术。也许大众觉得他们的选择是错的，也许他们的选择确实是错的，也许他们换一种选择，就能够过上非常滋润的小日子，但是他们心安理得，自得其乐。他们愿意追随自己灵魂的指路，并全神贯注地走脚下的这条道路，怨得了谁呢？怨不了谁。

尼采晚年写的"日神精神"和"酒神精神"，我觉得就很像这里说的第一种人和第四种人。其实他们之间有一个共性，那就是他们都选择了倾听自己的心声，不管大众是否认同，他们都活成了真实的自己，用喜欢的方式度过了一生。

知己是你的树

他人的评论一方面来自社会大众，另一方面来自知己、挚友。我在这里说的知己、挚友，并不是指一般的玩伴或酒友，也不是指相互一知半解的熟人。这个"知己"，指的是真正了解你、真正懂你的人，也许是你的爸爸妈妈，也许是你的男朋友、女朋友，我只是用"知己"这个词来概括这么一类人。

我们活在这个世界上，是大多数人的一团印象，是少

数几个人的一个烙印。真正的知己、挚友就是互相生命中的一个烙印，你们之间有很深的连接，这连接不是物质上的、事业上的或者人情世故的，而是存在性的。他们就像另一个你，你的另一些分身，你心里的另一些声音，他们是你散落在别处的一部分。所以这些人对你的了解，很多时候可能比你对自己的了解更深更真。碰到一些重要的事情，或者一些需要作出抉择的关键时刻，或许你自己都还不知道要怎么做，该何去何从，但他们很可能会知道你心里是怎么想的，依据对你的了解，他们大概能预测出你最终会怎么做。所以每到这种时候，你和他们的对话不是两个人的对话，而是发生在两个人之间的一场自我对话。

《小王子》里把这样的情谊说成是"驯养"。什么叫作驯养？这个词不够日常，我觉得没多少人能明白。我把它理解为"精神的连接"，你跟这个人之间建立了一种精神的连接，这就是所谓的"驯养"。那什么叫作精神的连接？也许你们不是血缘家族，因为你们没有血缘关系，但从今以后，你们是精神家族，他是你的家人，是你精神家族里的一个成员，你们享用的是共同的精神上的血液。精神一旦接通了，就像血管里的血液接通一样，不是想断就能断的，断了你也就残疾了。所以，如果和一个真正的朋友断交，你也会残疾。如果你的一个真正的朋友去世了，其实也就是你的一个局部死去了。

所以，我觉得知己好友特别重要，当然他也有可能是你的爱人。我很希望你的知己好友是你的爱人，同时，你的爱人是你的知己好友。因为这样的话，你们的爱就贯穿了身体与精神，这会是一生的挚爱，也会是一生的挚友。这里面有着很深很深的信任，很深很深的理解。

正因如此，我们应该格外重视知己好友给我们的一些反馈和意见，他们对我们认识自己将是非常有帮助的。因为真正的知己好友，很少会有私心，他在给你评价、意见、提议的时候，往往是中肯的、赤诚的。

我认识一个女孩子，她不算我的知己好友，只是玩在一起的朋友。有段时间我过得挺得意的，但我发现她对此不那么快乐，这让我有点吃惊。有一次我跟她赤诚相对，促膝长谈。我问："我过得好，你好像不那么开心，对吧？"她说："不不不，我希望你过得好。"然后停顿了一下她又说："但我希望你不要过得比我好。"那一刻其实我觉得她蛮可爱的，因为真实是很可爱的。"我希望你过得好，但我希望你不要过得比我好。"这很真实。

然而这一点就注定了当时我们不可能成为知己好友。如果你跟你朋友的关系是这样的话，那你们也不会是知己好友，因为你们还有一份私心在。真正的知己好友，少有私心——我过得好，我也希望你过得好；我过得不好，我也希望你过得好；哪怕我过得不好，只要我可以，我还是会尽力帮你过得好。无条件地希望对方过得好，这才叫知己好友，这里面没有私心。

所以这些人给你的意见，你要很当回事，因为他是由衷地站在你的角度，感你所感，思你所思。他是把自己当成了另一个你，在为你作考量，为你作权衡，为你作计划，这里面没有他，这里面全是你。

所以，真正的知己好友，他有很深的关爱、很深的理解、很深的信任，在这种情况下，人是不会有私心的。拥有这样的知己好友，是你最大的幸运。人不是一辈子都有朋友的，如果你有这样的朋友，你要好好地去珍惜；如果你没有这样的朋友，而身边有这样潜质的人，那你也要好好地去珍惜，好好地去经营，好好地去发展你们之间的友情。

我有一两个这样的朋友，我对他们无比信任。很多年以前，我看过王家卫的电影《花样年华》，电影的最后一幕让我印象很深：男主角在镜头里，一个人很孤独地站在一个偏僻的角落，那个角落很荒凉，只有一棵孤零零的树，他在树上挖了一个洞，然后抱着这棵树，嘴对着洞，说了很多很多话，说了很久很久……说完之后，他的一个举动让我忍不住潸然泪下，他拿起了一块泥巴，堵上了这个树洞。当时我就觉得，这世界上有这么多人在我们的身边，每天有这么多人跟你擦肩而过，但是人是多么孤独，多么孤独。

打开你的手机，翻翻你的通讯录，你可以找到几百个名字，但当你真的有一些心里话需要倾诉的时候，你可能把手机翻了一圈又一圈，都找不到一个人可以说。什么叫倾诉？

全身心地说，倾心地说，这才是倾诉。什么是倾听？全身心地听，专心致志地听，这才是倾听。当你想要倾诉，却找不到一个愿意倾听的人，也许你最后也只能找到某一棵树。也许每一棵树里都藏了某一个人的灵魂，藏了很多人心里的故事和最深的秘密。

当时我看完电影，悲从中来，就跟一个朋友发短信说了这件事情。结果这个朋友打来电话，就说了一句话："I'm your tree（我是你的树）。"第二天，我果真收到了一棵树，一棵圣诞树。其实你的好朋友，就是你的树，你们互为树洞。只要你们在一起，就是一片森林，是精神世界的一片绿洲。

我另外一个朋友也挺有意思的，很多年前的某个夜晚，我们两个看完话剧，沿着梧桐树大道一路散步。清风明月，我们走了很久，有一搭没一搭地聊着一些话题，好开心啊。突然，我的朋友很郑重地跟我说："陈果啊，十年之后如果我变了，你把我带回来啊。"就像现在一首歌里唱的："若是遇见从前的我，请带他回来。"记住今天的你是什么样子，当下的你是什么样子，如果十年以后，我们再次重逢，希望我还能够识别从前的那个你，你还能够识别从前的那个我，这是一件弥足珍贵的事情。

总结一下，自我认识需要来自他人的评价，一方面是大众的看法，一方面是知己好友的建议。这两个标准都非常重要，前者在宽度上具有重要性，因为大众的看法具有普遍的参照价值；后者在深度上具有重要性，因为这个人足够懂你，他给你的意见会比大众更接近于你的心声。

静心探索

曾有人问我，你为什么要强调认识自己，难道认识世界不重要吗？我要在这里说明，强调"自觉"并不是要否定"他评"，强调人要认识自己，并不是说人就不应该认识世界，就要把所有的精力都放在自己身上。当两样事情同样重要的时候，要强调哪一个，就取决于当下是什么处境。很久以前，中国的古人特别注重明心见性，注重自我认识。从陶渊明的诗里，你就能领悟到当时的人在明心见性、自我认知上，已接近登峰造极的高度了。所以在那个久远的年代，人们忽略了去看这个世界，这个风起云涌、瞬息万变的外部世界。正是在那种处境之下，当时的思想者才提出来要开眼看世界。于是人们的目光就从自我转向全球，开始去关注自我之外的这个大千世界。

而我们今天，大多数人的时间都用在关注这个大千世界，你打开你的微信也好，微博也好，其实都是在看别人的事——美国怎样了，英国怎样了，明星怎样了，同事怎样了，我的那个他怎样了，隔壁的那个他怎样了……现代的这个世界，几乎所有人都把大量的时间放在窥探别人的生活上。我们每天有24个小时，醒着的时候就算12个小时吧，在这期间，你有没有留出过12分钟，静下心来，只和你自己相处？人的一生，醒着的时候只有这么多，你有没有留出过十分之一的时间，用来探索你自己、发现你自己、关照你自己呢？

为什么要强调认识自己？就是因为现在很少有人会静下心来看看他自己，问问他自己，整理他自己，理顺他自己。我们把大多数的时间都用在认识这个世界上，却很少有时间来探索自己，探索我的这个小宇宙，了解我的内心世界，哪怕连生命的十分之一、百分之一的时间都不会有。所以，强调自我认识，就是因为时间到了，我们看了世界这么久，该回来看看自己了；我们了解了这么多人的这么多故事，该回过头来好好地了解一下这个跟自己相处了十几、二十几年，而且以后还将形影不离的终身伴侣了，是时候了。

所以，强调认识自己，不是说让你只看自己，不要看这个世界。看世界是重要的，但是探索自己也是重要的，所以向内向外都要有了解，然后尽力保持平衡，行走中道。

尽力达观，保持中道

去理解一个观点也好，去做一件事也好，去作一个选择也好，我们都尽量不要走极端，要把那个极端选项当成最后一步。我有个朋友说"办法总比困难多"，事实上也确实如此。所以，当你觉得好像没有办法了，必须要走极端的时候，请你挺住，忍住，再等一等，常常在山穷水尽疑无路时，柳暗花明中会突然冒出一个办法，不需要你去走极端了。真正聪明的脑子不应该用来走极端，一个人聪明不聪明，就体现在看似非此即彼、必须走极端的情况下，你能否挖掘出第三条路，在两个强势的极端之间寻到一条若隐若现的中道。真正的智商高下就应该体现在这种时候，不是吗？其实极端都是片面的，不片面就不成其为极端。而走极端其实是没有什么技术含量的，走中道才叫真的难！

我们常说"出世""入世"，就好像出世是一种很高的修为。其实，彻底出世——跑到寺庙里、深山老林里去，离群索居，回避世事，这并不难，挺容易的，不就是什么也不管，什么也不承担了嘛。同样地，彻底入世——完全陷身于名利场中，纵欲享乐，骄奢淫逸，这也不难，挺容易的，不就是来什么接什么，全盘放开，无所谓取舍嘛。真正最难的，是以出世之心，经营入世的生活；入世地做事，出世地处世。真正最难的，是以这样的方式在出世和入世之间找到一条中道，保持一种平衡。

和大家分享一个故事，是关于郑板桥的，可能很多人都知道，这个故事当时给了我很大的启发。郑板桥有一次跑到山东莱州凌峰山去参观郑公碑，他观摩了很多，欣赏了很久，下山时天色已晚，于是他就住在山下一个老书生的家里，这个老书生自称"糊涂老人"。郑板桥满腹诗书，和老人交谈之间，发现他言谈举止不俗，性情高雅，所以两个人相谈甚欢。老人家里放了一个特别大的砚台，有一张方桌那么大，石质细腻，雕工精美，郑板桥忍不住赞不绝口。老人就说："我们相逢是缘，如果您不嫌弃，就在这个砚台上题一行字，留作纪念吧。"

郑板桥当即拿出笔墨，开始题字，题的就是"难得糊涂"四个字，题完之后盖上了自己的大章。哇！这个大章太酷了，上面刻着"康熙秀才雍正举人乾隆进士"。这本该迎来一番赞誉，结果老人却淡然处之。郑板桥写完字后，发现这个砚台还留有很多空间，就对老人说："要不您也题几行字吧。"老人没有推却，他题了什么字呢？——"得美石难，得顽石尤难，由美石转入顽石更难。美于中，顽于外，藏野人之庐，不入富贵之门也。"题完这行字之后，老人也拿出自己的印章，盖在上面，印章刻的是"院试第一乡试第二殿试第三"。郑板桥一下被震住了，知道这是一位情操高洁、退隐江湖的官员，顿生敬佩之意、羞愧之心。他一定要把前面丢人的一幕给扳回来，于是又主动在后面加题了一行字，这行字是——"聪明难，糊涂尤难，由聪明转入糊涂更难。放一着，退一步，当下心安，非图后来福报也。"

我为什么要说这个故事呢？就是想说明做人要尽力达观，保持平衡，走中道。美石是什么？是经过精心雕琢的东西。教育是什么？教育就是一种雕琢，就是要努力把学生变成一块美石。顽石是什么？是有野性、有血性、童心不泯的人。我希望我们在经历教育的重重雕琢、文明的不断驯化，最终成为一块美石之后，也不要丧失自己与生俱来的野性血性，不要丧失那与生俱来的纯真率性，不要丧失我们的本色与真性情。就像美石和顽石，雕琢与天真，要保持平衡。

我发现我身边就有很多人，读了几年书之后，知道了"文化人"是什么样子，却不知道"人"应该是什么样子了。

我认识一位老爷爷，70多岁，以前是圣约翰大学的，也算是块被熏陶过的美石，他小时候练了一点武术和太极拳。我一直以为太极拳是花拳绣腿，没有什么实战效用，结果有一次，我和他在公园里面散步，突然看到一个小偷，偷了东西狂奔，就像电影画面那样。然后那位老爷爷竟然半路杀出去，"噌噌噌"几下，就一指封喉，把那个小偷按在地上，让他快把东西交出来。我这才发现，原来练太极拳身手可以如此了得。

这就是美石与顽石并重的一个完美体现。我说的"顽石"并不是指他会武功，而是指人在关键时刻，能够不完全通过理性来权衡判断，是出手还是不出手？会有什么得失？会不会被周围人笑话？那样真是读书读傻了，变成书呆子了。我说的"顽石"是指，多年的文化熏陶并没有改变他路见不平拔刀相助的血性，没有遮住他的一身侠骨。当美石加上顽石，集聚在一个人身上，那么他就是个了不起的文化人，也是个了不起的人。

糊涂老人说"由美石转入顽石更难"，一定是有感而发。教育能够把人熏陶得非常有文化，非常有风度，非常有学养，但是不要丧失你与生俱来的率性、血性与野性。野性不同于野蛮，野性是一个很高级的词，它意味着豪放不羁，充满力量。创造力就来自于野性，所谓"创造"，就是你制造了一个从未有过的东西，那还不够"野"吗？所以，我们要美石与顽石、知性和野性并重。

千万不要读了书，知识越来越丰富，看过的东西越来越多，会说的道理越来越大，最后却变得越来越不通人情，越来越不懂寻常生活之滋味。那样的话，你这个书真的不应该读，你毁就毁在读了几本书。

郑板桥的第二句话"聪明与糊涂"，聪明指的是智商，糊涂指的是胸怀。糊涂在这里不是指智商不高，而是指不计较。所以聪明、智商高很好，有胸怀、不计较也很好。如果你是个聪明人，而且还是个不计较的聪明人，那就是高上加高，好上加好。我们常常觉得聪明和糊涂是矛盾的，事实并非如此，一个人所有的聪明才智都应该为你的胸怀气度服务。你要有一颗聪明的头脑，同时要有一个宽厚的胸怀，而正是你聪明的头脑，能帮助你宽厚的胸怀得到更好的实现。换言之，一个人的聪明才智应该用来想方设法地更宽厚地待人，更宽厚地爱人。

比如说，真正有胸怀的好人，他对一个人好是不图回报的。"善者，吾善之；不善者，吾亦善之，德善。"真对一个人好，就不要计较得失，就是对他好。他回报你，你对他好；他不回报你，你也对他好。

所以，真正对一个人好，就要对他好得看不出来；要对他好得让他没有心理负担，不必心心念念总惦记着要回报你；要对他好到他还能和你平等相处，不会感到自惭形秽，对你有所亏欠。所以一个有胸怀的聪明人，他会使他的聪明才智化作各种奇思妙想，来使他宽厚的胸怀变得更宽厚，使他善意的传达变得更得法。

可见，那些看似矛盾的东西，理性与感性、知性与野性、聪明与糊涂、美石与顽石，诸如此类，本身是不矛盾的，矛盾都是人为制造出来的。所以，不要陷入这种人为制造的矛盾里，而要去寻找它们的共性，去打破它们看似矛盾的隔阂。当你学会在它们之间架设桥梁，互通互补，那你就正在渐渐地成为一个达观中正、兼容并蓄的达人。

觉察

　　自觉，是自我认识的重中之重。要了解什么是自觉，如何自觉，就要先了解一下什么是"觉"。在中国哲学里，一个"觉"字，涵盖乾坤。

　　一般而言，"觉"可以根据大小、深浅，粗略地分为两种：小的浅的是第一种——觉察，大的深的是第二种——觉悟。所谓觉察就是：我感觉到了，意识到了，注意到了。它一般指的是对细节、片断、相对微观的现象有所发现，有所敏感。

　　觉察可以分为"觉他"和"自觉"。"觉他"就是觉察到自己以外的东西，比如说对他人的言行举止、形容外貌的觉察。他的发型变了，她今天扎了一条红色的丝带，或者他今天的眼神不大对，左顾右盼，飘忽游离。还有恋爱中的人，往往对对方的觉察尤其敏锐……这些都是对于他者的觉察。

　　还有一种"觉他"，表现在对环境气氛的感觉特别精微。比如说，春天的早晨万籁俱寂，你起床特别早，当你迈出第一步的时候，你也许会发现沉淀了一个晚上的某种花香被你给撩起来了。或者你跑到一个房间，虽然整个环境陈设如常，但你能发现其中暗含着一种紧张的气息，可能是一丝杀气，这不是

你首先是你自己生命的当局者，但同时，请你时不时抽身而出，
试着从一个局外人的角度来看看你自己，像一个陌生人一样，冷静公正，
不抱偏见地来评价一下你自己。

在电影中经常会看到的吗？这也是一种"觉他"。

用到自己身上，对自己的觉察就是"自觉"。第一种"自觉"是对于自己身体状况微小变化的觉察。比如说，有时候你整个身体状态都很好，但你会发现，身上某一处皮肤有点隐隐作痛。或者有些人打坐时观望自己的呼吸吐纳，一出一入，一翕一合。这些其实就是对于自我身体的觉察。

第二种"自觉"是对自我精神状态、思想变化的洞察。比如我有一个朋友，在工作中被同事欺负了，他平时一直很有涵养，人家当着他的面说很多冷嘲热讽的话，他也就一笑置之。我觉得他很有定力，有点真功夫。可后来他在跟我谈到这件事情的时候，对那个同事破口大骂，言辞激烈。我当时吃了一惊，就跟他讲："你不喜欢那个人，可你现在却变成了他，甚至你还不如他。因为他是当面说你不好，你至少还有机会去反驳，可你却是在别人背后说人家不好，他就没有机会来辩解了。"后来我看到他把自己的个人签名档换成了这句话：我讨厌他，却一不小心成了讨厌的他。这就算是一种精神的自觉。

抽身而出，反观自身

那么一个人怎么才能做到自觉呢？人活在世界上一辈子，你只能是你自己，所以你肯定是你自己的当局者。而自觉的一个诀窍就是：你首先是你自己生命的当局者，但同时，请你时不时抽身而出，试着从一个局外人的角度来看看你自己，像一个陌生人一样，冷静公正，不抱偏见地来评价一下你自己，这就叫"抽身而出，反观自身"，这是一个非常好的自觉方法。

这世界上有两种人很厉害：第一种人，对别人像对自己一样热情；第二种人，对自己像对别人一样冷酷。这两种人都很公正，因为他们对人对己一视同仁。常言道"当局者迷，旁观者清"，只有当你像局外人一样冷眼旁观自己，才能把自己看个明白，看个彻底。

我相信大多数人都是挺喜欢自己的。一个人要是不喜欢自己，日子应该会很难过的。但是，你是真心喜欢你自己，欣赏你自己，还是说，只是在努力忍受你自己，压抑你自己，其实很难说。有时候只有当你站在一个局外人的角度，或许才能辨明真相。

比如，当我是另一个人，而不是我自己，那我还会喜欢"我"这样一个人吗？假如我是一个路人、陌生人，我会欣赏这样一个"我"，并且跟他交朋友吗？我会信任他，对他全抛一片心吗？假如你只是一个局外人，而不是你自己，但你却发自内心地欣赏这样的一个你，真心愿意和这样的一个人交朋友，这说明你是真的很喜欢自己，你为你自己感到骄傲。但如果情况不是这样，你懂的。

要有效地自觉，要做到全面的自我认识，有一个好方法就是：既要做自己的当局者，全然地去感受生活；同时也要能够时不时抽身而出，用精神之光反观自身。作为一个局外人，作为一个旁观者，冷冷清清地看看当下这个风风火火的自己，你喜不喜欢他？欣不欣赏他？信不信任他？愿不愿意跟他交朋友？你诚实的答案会帮助你更看清你自己。这不叫分裂，而叫清醒；这不是人格的多变，而是自我的审视。

《小窗幽记》里有句话："于极迷处识迷，则处处醒；将难放怀一放，则万境宽。"迷局中的你要突破迷局，需要的正是局外的你那一点镇静；执念中的你要放下执念，需要的正是旁观的你那一对冷眼。

这就是一种精神的自觉。

觉悟

觉悟和觉察是相对的。如果说，觉察是指我感觉到了，意识到了，注意到了；那么觉悟就是，我懂了，我领会了，我参透了。

觉察就是你发现了一片叶、一朵花，一片片叶、一朵朵花……你注意到了很多隐蔽的细节；而觉悟就是你越走越深，越走越高，最后看到了那串起每一片叶、每一朵花的整棵大树，就是透过那些隐蔽的细节、琐碎的现象，对事物的本质有了一种整体的把握。觉察就是像福尔摩斯那样，发现种种蛛丝马迹；而觉悟就是，在这些蛛丝马迹当中，整合出一个庞大的逻辑系统，串连和还原整个事件的本来面目——哦，原来事情是这样的。

当你学会保持清醒的自我意识，能时不时作为一个局外人，审视一下自己，看看自己身上正在发生一些什么变化，看看自己此刻正在做的这件事是不是发自内心认同的，看看当下的这个自己是不是你所喜欢的、欣赏的、信任的、热爱的。这就是对自己点点滴滴的自我觉察。

自我觉察多了之后，就像我们常说的，量变会达到质变，丝丝缕缕的渐悟会变成醍醐灌顶的顿悟。自我觉察就是，你发现，这不是我，那不是我，这不是我要走的路，是"自我否定式"的；而自我觉悟就是，你明白了，原来我是这样的，原来这才是我，原来这就是我的路，是"自我确定式"的。

自我点点滴滴的觉察，其实有点像剥洋葱，层层剥去"我所不是"的样子，然后越来越靠近"我所是"的样子，越来越靠近自己的本心，靠近自我的内核，这个过程就叫作"去伪存真"，最终明悟什么是真正的我——我是谁。

所以完整的自觉，经由自我觉察，通达自我觉悟，是由渐悟到顿悟，由零零碎碎片断的把握，到最后的一个整体的确定，这样的过程其实就叫作自觉。

但是，自觉的过程不是一时半会儿就能完成的，它需要相当长的一段时间。因为人很复杂，我们周围的其他人很复杂，我们自己作为一个人也很复杂。人是有很多很多层的，你要真正通透地了解一个人，是需要慢慢来的。坦率地讲，慢慢来才体现诚意。你如果简单粗暴急不可耐，那是没有诚意的。就像我们在恋爱过程中，对一个人慢慢来，循序渐进地了解他，理解他，实际上正是体现了你对他的一番诚意。同样，只有当你慢慢来，循序渐进地深入认识你自己，才体现了你对自己的一番诚意。慢慢来，就是一种诚意。

人是一种很复杂的生物，人的精神剖面其实就像五花肉一样，是分层的。一层与一层之间是有间隔的，每一层都是不同质地的。有的人表面上看起来很热情，可当你深入他的内在，却会感到里面是冷冰冰的；有的人表面上看起来是外向的，本质上却是个内向的人；有的人表面上看上去很高冷，其实内心却深藏着很多很多的热情，只是暂时还没有找到一个地方去安放这些热情；有的人表面上看起来很风趣，但是真的去深入了解一下，就会发现他挺乏味的。

人就是一个交织着各种矛盾的综合体，内和外往往是相反的，人们用这样的方式寻找自我的平衡。一般而言，一个看起来特别"天使"的人，往往是不可信的，因为人毕竟不是神，不可能只有好而没有不好，只有温和而没有脾气。如果你只看到一个人的天使，不代表他没有魔鬼，他只是把魔鬼的那一面藏在了别处，你看不见而已。当他把魔鬼的那端暴露出来，通常也会是惊人的。长久的观察与思考总给我这样一个印象：光明和黑暗，沉和浮，虽然此消彼长，但大致程度却相当，总体上往往是对称的。这跟物理学上的能量守恒定律有一些神似。

所以要真正了解一个人，要真正了解你自己，要真正了解这大千世界上任何一个有生命的东西，你都要穿过他的层层外壳，去深入他的内核，就像剥洋葱一样，因为最真实的东西一定藏在最里面，存而不显，却时时流露。所以真正的了解一定需要一点时间，需要一点时间来剥这颗洋葱，需要一点时间来扯下最后一点人性的遮羞布。

有人问我："你一直说自我认识，那么你认识你自己了吗？"很凶猛的一个问题。他还问："陈果，你是谁？"很有深度的一个问题。于是我就回了他一句："我是谁？其实我的一言一行、我的一切都在说明我是谁，就看你是看得懂，还是看不懂了。"

也许我们今后会经常碰到，也许会在马路上偶然碰到，也许会在人生当中有一些小小的照面、小小的合作，也许以后我们会成为朋友，也许以后你看不上我，我也未必看得上你，而我的一切都在说明我是谁，其实，你的一切也都在说明你是谁。你是谁，不在于你说了什么，你说话的时候，你在表达你是谁，你不说话的时候，其实你表达得更多，连静默也是一种表达。你说或不说，都在表达你自己。

所以要真正了解一个人，要真正读懂一个人，这个人包括我自己，也包括你自己，我们都必须花费相当长的一段时间，层层深入，去伪存真。你是你的当局者，也是你的局外人。互相参考，互相平衡，这将是你和你自己开启的一段奇妙的亲密关系。

自我认知的层次

我所说的，都是我自己的理解，不一定跟你想的一样，也不一定符合大众的认知。你且把它当成一种启发，知道世界上有个人是这么说的，是这么想的。

我觉得"自我"的结构就像肥瘦分层的五花肉，也像从远到近几个相互平行的同心圆。首先，最外层是社会生活，社会关系当中的"我"，决定了在众人的眼中，我是个怎样的我——可能是落落大方、风度翩翩的；往里走一点，进入了家庭生活，那么家庭关系中的我，决定了在爸爸妈妈、爷爷奶奶、叔叔阿姨眼睛里，我是个怎样的我——可能是沉默寡言、不爱理人的；再往里走一点，慢慢地，我们有了自己的女朋友、男朋友、妻子、丈夫、孩子，有了亲密关系，那么在亲密关系当中的我，决定了在最亲密的人眼中，我是个怎样的我——可能是有点霸道、脾气急躁的。在不同的关系层面上，我们可能展露的是全然相反的面目，是完全不同的我。

再进一步，我们有肉体，我们被自己的皮囊所包裹。皮囊这个东西太奇妙了，我好像知道了为什么画家们喜欢画裸体画，因为人的皮囊是隔开了物质世界和精神世界的那一层，在广阔的外部世界里，我们这个私密的、小小的内部世界，就是由我们的皮囊圈起来的。所以，皮囊决定了镜子里的我是什么样的人，决定了我看起来是什么模样。

当洋葱被层层剥去，最后只剩下一颗心——我们的心、我们的精神、我们的灵魂，决定了我们真正是什么品质的人，决定了我们是什么种类、什么款式、什么质地的人。

贵族，总是精神的

在这里，我要顺便纠正日常生活当中一个常识性的误解。我们经常说"富贵"这个词，好像"富"与"贵"这两个字是同义的。其实，富是富，贵是贵，它们是两个维度、两个界面上的东西。富有，并不等于高贵。"富有"指的是拥有很多的物质资源，而"高贵"指的是高尚的精神和美好的灵魂。落到具体的人，"富人"指向的是他的财富；而"贵族"指向的是他的精神。我们常常会在不经意间把"贵族"与"精神"这两个词放在一起使用，比如"贵族精神""精神贵族"，还有西方人崇尚"骑士精神""绅士风度"，我们东方人尊崇的"君子风范""大家闺秀"，这些词其实都是"贵族精神"的别称。你会发现，无论是风度还是风范，说到底都是在指一个人的精神气质。这些词，不论是哪种说法，其实隐约间还是在暗示一个道理——贵族，归根到底，终究是精神的。

　　所以，真正的贵族，不是一个头衔、一种称号、一套繁文缛节，或者一部辉煌的家族谱系。真正的贵族，超越任何一种外在形式的奢华。它跟你穿不穿名牌，喝不喝红酒，过不过小资生活，住不住豪宅没有关系；它跟你是不是常常出国度假，有没有游轮，打不打高尔夫，听不听歌剧，生活得高调还是低调，简单还是奢侈，其实都没有关系。真正的贵族，它的对立面不是贫穷，而是粗俗；它的对立面不是物质上的窘迫，而是对物质财富毫无节制的贪婪、逃避担当的软弱、缺乏公正与关怀的自私自利、人云亦云毫无主见的不自知。不论东西方在地理文化上有着怎样的差异，真正称得上贵族的那些人，都同样崇尚节制、勇气、公正和仁慈，正是这些东西赋予了他们所谓的贵族气质，让他们具有一种震慑人心的精神力量。而这种看不见的精神力量，不知不觉中会给他们笼罩上一层看得见的光芒，不论他们吃什么，穿什么，坐什么车，用什么手机，或者根本不用手机，都挡不住他们言行举止里流露出的一种平静、一种尊严、一种自由。精神的光芒，不像珠光宝气的光芒那样光彩夺目，精神的光芒并不刺眼，但即使你比他更富有，在他面前，你仍然会吃惊地发现，自己竟然忍不住心生敬意，发自内心地对他有种莫名的钦佩与欣赏。

　　所以，什么是真正的贵族？真正的贵族，就是精神的强者。他们就像诗人波德莱尔所说的，"会将其他一切强者视同自己的兄弟，欣赏他、钦佩他、向他学习；同时，他会将世上一切弱者视同自己的孩子，同情他、关照他，尽力为他们服务。"

这才是真正的贵族。他们能将世上一切的强者，视同自己的兄弟，所以在真正的贵族、真正的强者身上，没有嫉妒这种情绪。嫉妒，其实就是一种变相的自卑，一种变相的示弱和心虚。在真正的强者身上，没有这种东西。

同时，真正的强者，能将一切弱者视同自己的孩子，所以在真正的强者身上，也没有势利这种东西，他不会是"势利鬼"。他自己不是因为物质而强大，所以他也不会凭你穿什么样的衣服、开什么样的车、每个月有多少收入来区分你的等级。他深知人世的艰难，所以与物质相比，他会更看重你的精神品质，那才是他的关注点。真正的贵族不势利，而势利者因其狭隘无知，终究成不了贵族。

想想那句复旦的校训"团结、服务、牺牲"，这才是真正的贵族，这才是真正的强者。

所以，你要反观一下你的内心，你还有嫉妒吗？如果有，你就没有你想象的那么强；你还有势利吗？如果有，你就没有你想象的那么高尚。

神智器识，四重自我

前人说，评价一个人分四个层面——神、智、器、识。其实自我评价何尝不也是这四个角度？

"神"——一个人的精神、一个人的人格、一个人的心灵、一个人的品质。像"格调"或"品位"这些词，一般我们用在审美领域比较多，但实际上，人格就是一个人精神的格调，人格高，格调就高，人格低，格调就低，品位也高不到哪里去。如果人格足够高、格调足够高，那就是传说中的"人格魅力"。这就是"神"的层面。

"智"——既然位列第二，可见不必太拿智商当回事。说起来，智商确实也算不得什么大不了的事。聪明固然好，但如果一个人不那么聪明，人格却很高，他的人格就可以弥补他的智商。因为一个人人格高，就会结交到真正的知己、挚友，那些足够信任他、他也可以足够信任的人，在关键时候会给他帮助，使他度过难关。古人说的"得道多助，失道寡助"其实就是参透了这个道理。智商不能弥补人格，人格却可以弥补智商。我们常说"贵人相助"，可世上有这么多人需要帮助，贵人为什么偏偏要帮你呢？你有什么东西入了贵人的法眼，使他愿意为你出手呢？我们之前提到，"贵"字总是指向精神的，所以既然称之为"贵人"，那么能打动他的，终究还是你的精神品质。所以，自我认识也意味着要了解自己的智商，而了解自己的智商，很重要的一点就是，你要明白：这世上有很多事，光有智商不够。

　　"器"——指的是一个人有什么才能本事，有什么用处。所谓自知，当然要包括了解自己的本事，知道自己的能力。这里我要奉送给大家两句话，代表了认识自己能力的两个方面——第一句，知我所能，我所能者，尽善尽美；第二句，知我所不能，我所不能者，虚怀若谷。你如果只知道自己能干什么，那你只是知道了一个方面。真正有自知之明的人，不但知道自己的能力，还知道自己能力的边界，知道自己有能力不可及之处。而在自己能力边界之外的东西，他保持谦逊，保持倾听。"知我所能，我所能者，尽善尽美；知我所不能，我所不能者，虚怀若谷"，这两者合起来，才是对"器"的完整的自我认知。

　　"识"——最后的"识"很好理解，指的是知识与眼界。

　　所以，人要有充分清醒的自我认识，就要认识自己的神，了解自己的智，看清自己的器，知道自己有多少眼界、多少知识。当你层层深入，有了这些了解之后，你才能够找到你自己，找到你的路。当你找到了你的路之后，你就可以专注地走这条路，一路向前奔跑，这是一种非常喜悦的过程。没有徘徊，没有迷茫，没有纠结，心无旁骛地走自己的路，走得更远，登得更高，也不回头。有一天你偶尔一低头，就会发现脚下群星灿烂——这是一个非常愉悦的过程。

所以人要了解自己，了解自己的"神、智、器、识"，明确自己的底线，看清自己的边界，找到自己的路，然后沿着这条路专注地走下去，心无杂念，全神贯注，这就是一种自我实现的幸福。

常有女孩子会对男朋友说："你这个人啊，我这么风情万种，你却不懂风情，讨厌！"可是，在追问别人是不是懂你的风情之前，你是不是该先问问自己，你懂不懂自己的风情？如果你自己都不懂，别人怎么会懂呢？你自己一天24小时、分秒不离地与自己相处，都没有看懂自己的风情，对方又怎么能解得了你的风情呢？所以，关键还是要"自解风情"。一旦自解风情，则风情自成。

"我自风情万种，与世无争。"当你真正找到你自己，活成你自己，如你所是，你根本就不需要去跟别人争。只有当大家都是猴子，都要爬树的时候，才会出现竞争。而你发现自己是条鱼，那么你要做的就是游泳，根本不需要去加入爬树的竞争行列。只有当大家都要做苹果，都要比甜的时候，才有了竞争。如果你发现你是一颗盐，那你好好咸着就是了，不必去变甜。所以"我自风情万种，与世无争"，搞清楚你自己是酸甜苦辣中的哪一种，然后做你自己，走你的路，不需要去争去抢。因为别人只能"成为他自己"，只有你能成为你，所以在"成为你自己"这件事上，你没有竞争者，没人比得上你。

Part **5**

信仰与文化

　　"信仰"的核心是一个人内心坚信的某一套价值观,
这是他心甘情愿为之献身的生命意义,
换言之,就是他对于"我为什么而活"的回答。

宗教与信仰

对于我们很多中国人而言，宗教似乎就是信仰的同义词。在日常的交往中，我们一般不会问别人有什么信仰，这好像从来不是一个我们特别关心的问题。如果我们在对话中问及对方的信仰，很多时候我们的潜台词往往是"你是否属于什么宗教"。换言之，我们常常认为一个有信仰的人就是一个有宗教归属的人，他要么是一个佛教徒、一个基督徒，要么是一个穆斯林，各自归属于佛教、基督教或伊斯兰教，这是我们大多数人最常听到的宗教类别。作为局外人，我们未必了解这些宗教，但至少我们确定一点，这些宗教信徒们有他们的信仰。而且，我们也常听人说"宗教信仰"这样的四字组合，听多了也就习以为常了，久而久之，也就认为"宗教"与"信仰"这两者本就是一物，彼此等同。

事头上，"信仰"并不能完全等同于"宗教"。它们之间存在着一定的差别，当然也有着密切的联系。

"信仰"的核心是一个人内心坚信的某一套价值观，这是他心甘情愿为之献身的生命意义，换言之，就是他对于"我为什么而活"的回答。一旦精神找到了这样的目标，自然而然就会化为生活中与之相匹配的一套行为规范。

比如我们所知道的乔尔丹诺·布鲁诺这位意大利文艺复兴时期伟大的思想家，他就将真理作为自己毕生的信仰，"真理"就是他认为具有至高价值的东西，他发自内心最爱的东西，愿意为之献身的东西，同时，在他实际的生活中，他所有的言行举止都是在捍卫他坚信的真理，这的确也证实了，真理是他一生的追求。在亚里士多德的"地心说"被视为权威思想、普遍真理的中世纪，他对哥白尼"日心说"的支持为他扣上了"异端"这个十恶不赦的罪名，那近乎是"魔鬼"的代名词。宗教裁判所对他实施了八年的审讯和折磨，只要他能当众悔悟、承认错误，就可以既往不咎。但是他拒绝低头，最后被处以火刑，烧死在罗马的鲜花广场上。布鲁诺不愿放弃他心中的真理，即使这意味着要付出极其惨烈的代价，他认为"真理属于人类，谬误适于时代""能为真理而斗争是人生最大的乐趣"。可见，"真理"就是他的信仰，他为之而生，为之而死。"真理"之于意大利的布鲁诺，就相当于"良知"之于中国的司马迁，虽然他们看似信仰的是不同的对象，但他们有一个共性：全身心地热爱，并以实际行动毫无保留地自我奉献。

"宗教"与"信仰"不同，"宗教"是很多人抱有同一个价值观，同时，这个价值观衍生出一套与之相匹配的外部建制，比如组织形式、仪式、行为准则、符号系统、理论体系、话语系统、活动场所等，人们尊重并自愿遵守这些戒律与要求。换言之，信仰是宗教的精神内核，所有的宗教必然根植于某一种信仰，但宗教不只是信仰，它在信仰之外还有一套外部建制。当某一个信仰，结合上一套外部建制，并从个人事务转而成为群体的公共活动的时候，信仰才成了宗教信仰。

如果我们解析一下"宗教"这个词，我们常说"万变不离其'宗'"，"宗"意味着最核心的精神、最重要的本质、最基本的价值，指的就是某一种信仰；而"教"则是对外的教化、对人的育化、上施下效的传播和普及，这就是"外部建制"的功能。

所以，"宗"+"教"=信仰+外部教化机制=宗教。

那我们中国人有没有自己的宗教呢？这是很多外国人深感好奇的一个问题，曾经有很长的一段时间，外国人相信中国也有自己的宗教，他们称之为"儒教"。为什么呢？因为在他们观察我们中国人的思维方式、生活方式的时候，他们发现深入中国人骨髓的"儒家"思想，也符合"宗"与"教"的结合。首先，我们的儒学有自己的"宗"，即信仰，其灵魂人物是"孔子""孟子"等圣贤，其思想核心是"仁道"精神，或者说"良心"；其次，儒家有成熟的组织形式，它关涉全体中国人，以家庭、宗族为单位；它也有仪式，比如礼乐，或者对祖先的虔诚敬拜；它当然也有严格而无所不包的行为规范，比如君臣、父子、夫妇之间的礼仪、为人处世中的仁义礼智信；

它还有自己的符号系统，但不像基督教或者佛教那样是以某种图案呈现，而是化入中国人的言行方式之中，那是一套符号化的规则与习惯，比如下跪磕头、打躬作揖；它有内涵丰富的理论体系，如四书五经；它有自成的话语系统，比如忠恕之道、中庸之道、温良恭俭让；它有极多的活动场所，除了特定的祠堂、孔庙，它实际上发生于一切场合。所以，这样看来，外国人将"儒家"思想当作中国人全民信奉的宗教，也不无道理。

所以，"信仰"与"宗教"是两个有差别的概念，并不能简单地划上等号。"信仰"更倾向于私人事务，或者说个人修养，它基于个体。相对而言，"宗教"则更倾向于群体活动，或者说集体修养，它基于某个共同体。"信仰"是个人自我要求的行为规范，就像体操比赛中的"自选动作"，那是我们自创的或者自行选择的动作，却不用它去要求别人。比如，从个人信仰的角度，不是所有的信仰者都会将"不饮酒"作为自己的自选动作。但"宗教"中的行为规范，相对来说就是一些公共的"戒律"，类似于我们常说的"纪律"，那首先是一种集体意志的表现，是共同体的选择，是"规定动作"，它们得到了其中大多数人的主观认同，并自愿把它作为个人生活的行为准则。当然，并不能保证每一个信徒都自愿恪守这些纪律，比如世上很多人偏好饮酒，但很多宗教却都对"饮酒"有着明文禁规。这些宗教团体的清规戒律，有时虽看似不近人情，不如个人信仰的"自选动作"那般自由自在，但其实本质无异，都是以一种实际的生活态度、具体的行动来保障和捍卫某一个内心坚信的价值。

　　"信仰"因为是一个人自己的事情，所以那是个"我信什么"的问题，与别人无关。换言之，个人"信仰"不见得需要与他人交流，也不一定要向他人宣布、解释或传播。在这一点上，可以认为德国马丁·路德的宗教改革提出的"因信称义"就是让基督教变得更具私密性、更加个性化的一次尝试。所谓"因信称义"意在指明信仰是个人与神明之间建立直接的通道，它不需要他者的介入，神明不需要任何人作为中介，就可以通过《圣经》直接向个人低语。而信仰是人对自我的良心，以及住在良心里的神明的直接交代，无须向他人证明、获得他人的认可，无需他者的参与。因而这揭示了个人"信仰"的一个特点：无所谓你知不知，只求我知我安、然后天知地知。

何为信仰

　　由此可见，信仰之为信仰，未必是宗教的。"信仰"可分为"个人的"信仰与"群体的"信仰，一般而言，"宗教信仰"属于后者。但是，有一点值得注意，我们之所以常把"信仰"都理解为"宗教信仰"，是因为它们有着很明显的共性。这用英文词汇或许能表达得更清晰，"宗教"的英文是

religion，另外有一个词与之同源——religiousness，我们可以译为"宗教情怀"或者"虔诚"。"虔诚"就是信仰的特质，个人信仰有之，宗教信仰亦如是。换言之，凡能被称为"信仰"的东西，都是使人充满宗教情怀，满怀虔诚的东西，即使它不属于任何宗教团体。这种"虔诚"源于一个人对某个对象绝对的信任和全身心的奉献，这个对象可以是一个人、一尊神，或者一种价值，比如真理、道德、美、爱……

有些人以"爱情"为信仰，爱情、爱人便是他为之献身的全部意义。这也就解释了为什么世上会有"殉情"之人，会有"生命诚可贵，爱情价更高"的名言，会有"我欲与君相知，长命无绝衰。山无陵，江水为竭，冬雷震震，夏雨雪，天地合，乃敢与君绝"的贞烈誓言，会有梁山伯与祝英台化蝶而伴的绝美传说。对于以"爱情"为信仰的人，爱人的离开就是世界的毁灭，自我的消亡，是一切意义化为灰烬。

有些人以"金钱"为信仰。最典型的代表便是我们所熟悉的文学人物——巴尔扎克笔下的"葛朗台"。"在老葛朗台眼中，金钱高于一切，没有钱，就什么都完了。他对金钱的渴望和占有欲达到了常人无法理解的病态程度：他半夜里把自己一个人关在密室之中，爱抚、把玩、欣赏他的金币，放进桶里，紧紧地箍好。临死之前还让女儿把金币铺在桌上，长时间地盯着，这样他才能感到暖和。"他是完全的"拜金者"。我们千万不要误以为现代社会中常说的"拜金主义者"指的是金钱的信仰者，就是真正的"拜金者"，绝对不是。真正的"拜金者"热爱金钱，远胜于爱其他一切。在他眼中，金钱是神，他崇拜金钱，尊敬金钱，珍惜金钱，爱戴金钱，愿意为金钱牺牲其他。所以真正的"拜金者"绝不可能挥霍金钱、乱用金钱、浪费金钱，"一掷千金""千金散尽"绝不是他会做的事情，如果可能，他甚至会阻止别人这么做，因为金钱就是他的命，就是他的灵魂，挥霍金钱就等于要了他的命，撕扯他的灵魂。所以真正的"拜金者"，那些以"金钱"为信仰的人，一定很节俭、很刻苦，一定是"守财奴"。他们的乐趣不在消费，只在敛财；他们不舍得用钱换购物质享受，因为钱本身就是最大的享受，金币的光芒就是他们认为最美的辉煌。我们现在所谓的"拜金主义者"实际上并不真正尊敬金钱，只是把金钱当成一种工具或者一种手段，利用它来得到其他东西。所以，我们感兴趣的是其他东西，而且这些东西常常会变。而真正的"拜金者"不以金钱为手段，而以它为终极目的，心存向往，始终专一。

有些人的信仰源于他对人类美好精神的热爱，比如中国著名的建筑学家梁思成。他对古代建筑所包含的智慧和艺术的热爱，超越了任何可见的疆界，极为博大。1944年夏，二战接近尾声，中国持续了八年的抗日战争也将结束，美军已经对日军占领区和日本本土开始战略轰炸。梁思成当时在重庆担任教育部战区文物保护委员会副主任。他在弟子罗哲文的协助下，整

得意时使人心怀敬畏，失意时令人心存企望的那个东西，往往就是我们的信仰。

理古迹遗址名单，并在地图上标明位置，防止盟军轰炸时破坏了那些无价的建筑珍宝。虽然，当时的中国人无一不对日本恨之入骨，梁思成本人也有两位亲人在这场战争中牺牲，但他仍然竭力保护日本的奈良和京都，使之躲过了一场文化浩劫。为此，日本古都奈良还专门为梁思成立了像。

所以，有些人或许没有宗教归属，却不代表他没有信仰。我们可以认为，有些信仰的持有者人数，尚未达到发展为"宗教"的规模，尚不足以形成组织或团体。或者，有些信仰的持有者本身排斥外部建制，例如信仰"自由"的人本就信奉个人精神的自我主宰，追求最大程度的自治自律，因此他们往往会拒绝遵从外来的规则，通常也乐于游离在任何群体组织之外。又或者，有一些将"美"作为个人信仰的信徒，比如很多伟大的艺术家，他们不愿拘束于任何一个团体，而更愿意在美的感召下单打独斗。还有一些信仰的持有者无须参与任何信仰的共同体，因为他们甚至没有意识到自己有一个尚未被理性自觉的信仰。比如我们很多中国同胞，尤其是老一辈，都以为自己没有什么信仰，但事实上却是"良心"的忠实信徒，就像在日常生活中，我常听老人说"摸着良心做事""人在做天在看""人心自有一杆秤"诸如此类的话。言者无心，听者有意，其实这已然透露了这些老人心中的虔诚与敬畏。得意时使人心怀敬畏，失意时令人心存企望的那个东西，往往就是我们的信仰。

中国人的信仰

很多人以为中国人没有信仰，其实这是一个误解。

虽然早在两千年前的孔子时代，高瞻远瞩的他已经为我们后世的子孙选择了"敬鬼神而远之"的生活方式，但这并不意味着，我们中国人就没有高于生命本身的存在意义，也不是说，中国人的生活不存在超越世俗的精神世界。这其实说明，中国人的生活无需鬼神介入，也能通达精神世界的完满。

冯友兰先生在《中国哲学简史》一书中这样说道："中国人不大关心宗教，是因为他们极其关心哲学。他们不是宗教的，因为他们都是哲学的。"换言之，冯友兰先生认为，中国人的信仰不是宗教的，因为它是哲学的。这样的哲学信仰无须组织，不分场合，而是润物无声地自化于中国人的生活中。中国人的哲学信仰就是中国人的生活方式。大多数中国人之所以不需要从事宗教信仰的活动，是因为他们已然在每天的日常起居、待人处事中实践着他们的哲学信仰。大多数中国人不会定期去庙里、道观里、教堂里、清真寺里寻找神圣性，因为对他们而言，世俗生活如明波般清晰可见，神圣性则似暗流，恒久地潜伏在世俗生活的背后，与世俗生活同在，决定着它的流向、它的起伏。西方人将世界划分为"上帝之城"与"世俗之城"，"上帝之城"掌管着信仰，"世俗之城"掌管着生活，"上帝的归上帝，恺撒的归恺撒"，"上帝之城"与"世俗之城"分立而治，互不侵犯。而对于那些深谙中国传统哲学精神的人而言，信仰与生活，恰如此岸与彼岸，信仰即生活，此岸即彼岸，二者浑然一体，从未分裂过。中国人的生活世界就是他的哲学世界，也就是他的信仰世界。因此，中国人的哲学信仰不需要借助外力，不需要一个来自彼岸却要为此岸生活制定规则的陌生的"他者"——"神"——的拯救，中国人相信"心可转万物"，"修心"便可使人化此岸为彼岸，在此岸实现彼岸，因此我们致力于人内在的自我修养。中国人的身与心、现实世界与信仰世界从不分裂为"此岸与彼岸"，我们从不轻视此岸而力求彼岸，对中国人而言，用彼岸洒脱的精神应对此岸琐碎的生活，那"彼岸"便在"此岸"之中；身在风霜雨雪中，心却常常清净明朗，那"此岸"也就是"彼岸"。所以，到底是"此岸"还是"彼岸"，不在于你实际的生活处境如何、具体的人情世故哪般，而是在于你的"心"有多宽，你的精神境界有多高。所以，中国人的信仰力量，不借助神的力量、鬼的力量，或者圣人的力量，唯一借助的是自我精神境界的不断提升，个人修为的不断提高，由此滋养并激发自我内在的"心灵力量"。

就像《六祖坛经》中所说的那样："佛者觉也，法者正也，僧者净也。"我对这话的理解是，人与人的差别本质上是心灵的差别，精神觉醒就是成佛，心怀公正就能明辨是非曲直，内心常有清明安和便是出家人。其实，山还是那山，水还是那水，生活还是"人有悲欢离合，月有阴晴圆缺，此事古难全"，而面对同样的山水、经历相似的生活时，不同之处尽在"人心"。不同的人心，意味着不同的"心境"，带来不同的"心态"，化生出不同的处世之道，领略到全然不同的人生滋味。所以中国人的哲学信仰从来注重从"心"修养，以心境的提升拓宽日常的视界，以胸襟的豁达开阔生活的天地。比如，中国古代的读书人就懂得怡心以补运，宽心以安生，"天薄我福，吾厚吾德以迎之；天劳我形，吾逸吾心以补之；天厄我遇，吾亨吾道以通之"。中国人的信仰不是宗教的，中国人在生活中从来习惯了不假外道，不求助于某个"天外来客"的拯救，而是凡事力求诸己，一切问心，自了自度，自我拯救，即使竭尽全力仍无力改变现实困境，至少不失自我沉潜之识、卓越之见、慷慨之节、笃实之心、文雅之学。有名或无名，得利或失利，都追求内心对名利的淡定。无可改变生死，但可以超越对生死的惶惑与恐惧。

中国人的信仰力量不在于坚信我们在此岸忍受的苦难，将来或死后能到彼岸得到补偿，这种"此处吃亏，别处得利"的想法仍然基于一种心态上的失衡，是一种得失上的计算，一种不彻底的释怀，终究还是脱不了市侩气。而我们的哲学信仰使我们能常保"尽己之力，得失随缘"的豁达，名利上的难得糊涂、输赢上的偶尔健忘，让我们能心平气和地应对生活万象，甚至连此岸的困苦经历，也可以被我们晋升为自我修心养性的磨练、提升精神境界过程中的挑战与考验。当生活的"重力"将我们往沼泽中拉扯，内心超然向上的"光"却只是把我们引向"清风明月"之境，那是一种面对生活时更为达观、更加飘逸、从容不迫的心灵力量，使我们能常怀彼岸之淡泊心境，泰然安身于此岸之中。正是这样的心灵力量实现了中国人不假外力的内在超越，无需外援的自我拯救。所以中国哲学信仰紧贴世俗生活，中国人的智慧从日常生活中来，超越于日常生活，最终也回归到日常生活中去。

这也就解释了一些奇妙的语言玄机，比如在中国文学、哲学或武学中的"牛人"通常不是那些来自彼岸世界的"超人（superman）"——所谓"超人"，超乎于"人"之上，换言之，"超人"不是"人"，他有某些非人的特异功能，或我们称之为"神力"。中国语境中的"牛人"往往恰是此岸世界中的"高人""真人"——他们仍是凡人，"高人"之"高"不在体型能力，而是"高"在心境、觉悟、智慧；"真人"之"真"在于他活出了真本色、真性情，有本真之性、大然之态、清净之心。由此可见，我们中国人欣赏和敬仰的，素来不是无可挑剔的完美者——某些不具人性的"非凡人"，而是能以彼岸的洒脱心态经营此岸生活的"平凡人"，是能"入世地做事，出世地处世"的"厚德之人"，是能"尽人事而听天命"的"逍遥之人"。"高人""真人"不拘泥于特定的职业身份、学问见识，也不论年龄性别、不分人虫鸟兽，中国人在意的只是其修养心性上的"高低""真伪"。因此，在中国诸如《西游记》这样的民间传说中常有这样的情节：不经意间一个斗字不识的葱姜老太就是观音菩萨的化身。在中国武侠小说里，一个相貌平平的山林野夫竟会是隐居多年的武学泰斗，一个衣衫褴褛、破破烂烂的老乞丐竟然是江湖上最鼎鼎大名的丐帮帮主。南山、秋菊这些寻常之物也可以有一种人情之萧雅恬淡；鸟兽虫草之中往往也蕴含着一种自在舒展。中国的书法亦如是，泼墨挥毫尽如为人处世，字里行间皆是人生哲学。中国的哲学信仰使得中国人常是以心解景、以心通物、以心达人。所以我们有"达观"一词。我们都知道，人无论如何都突破不了自己的皮囊、自己的身体，所以"达"不是"身事"，换言之，不是身体力行能成之事。但有趣的是，心能成就"达"，"达"可以借心取道，所以是一桩"心事"，所谓"达观"就是由心观物，以心阅人，忘心以通天地。

中国的哲学信仰奠定了中国独特而璀璨的文化。而能威胁到中国文化的从来不是外来文化，异国文化与中国文化并不是对立的，相反，在某种意义上它们是相辅相成、相得益彰、交相辉映的。尽管异国文化与我们中国本土的哲学信仰、传统精神不尽相同，但是这样的差异不存在针锋相对的矛盾，而是取长补短的多元，就像西医的精准与中医的达观，就像科学的理智与信仰的神秘，正是它们的差异造就了文化的精彩和无限的灵感。

真正的威胁从来都源于内部的变质和扭曲。很多时候，我们自以为代表了中国文化，实际上所言、所行、所思、所想全然偏离了纯然本真的中国精神，却逐渐形成了一套不中不西，与很多文化形似，却在任何文化中找不到精神根基和内在底蕴的"四不像"。不论何种文化，其根基、其精髓必来源于某种信仰，这种信仰或是宗教的，或是哲学的。很久以前，一个外国哲学教授曾问我一个问题："What do you mean by being a chinese？"你为什么说你是中国人？"中国人"的标准是什么？这些年来，我从没有停止过对于这个问题的思考：判断"中国人"身份的标准是什么？是形象外貌吗？黑头发、黑眼睛、黄皮肤吗？肯定不对，日本人、韩国人乃至其他亚洲国家的人，也与我们有着相似的外形。那是我们的母语中文吗？也不对，从小在中国长大的外国小孩，也可以把中文作为母语，讲得可能比我们还好，他们算是中国人吗？不一定吧。那是我们居住在中国吗？一定不是这个答案，住在中国的外国人太多了。是因为我们持有中国护照，我们是中国国籍吗？似乎也不对，中国国籍代表的是国民身份，却不足以证明我们是骨子里的中国人。所以最后，我的答案是"文化归属感"——我发自内心认同并热爱中国文化，她属于我，我也属于她，是她造就了我的精神。可是问题又来了，"文化归属感"基于文化认知，如果一个人对中国文化一无所知或者一知半解，又怎么谈得上认同或热爱，更何来归属呢？所以，一个骨子里的中国人必当首先了解中国的文化，她从何而来？她是什么？她正在往何处去？只有真正了解她，才能找到真正热爱她、为她效力的方式。因此，了解和理解中国的文化、中国人的信仰，是身为一个中国人的责任，也是对自己的负责。因为生为一个人，我们每个人都有一个文化的"起源"、一个精神的"出处"，了解它就是了解自己的根。

我们很多中国人不是在西方的基督教社会中耳濡目染长大，很难理解西方基督教信仰的内涵，也就很难真正明白西方文化，因此我们再怎么努力，英文说得再怎么流畅，终究成不了纯正的骨子里的西方人。所以我们更应该努力成为一个纯正的骨子里的中国人，那是我们的祖先遗留给我们的最宝贵的文化底蕴，美不胜收。若不倍加珍爱，若不相沿成习，那就真的是暴殄天物，真是一种辜负了。对一种文化的不理解，必然会导致对这种文化的歪曲，中国文化所遭受的最致命的伤害，从来不是来自于他国之人，而往往是来自于国人自己无知的歪曲。我由此想到一句话："孔子不是儒家弟子，老子不是道家弟子，释迦不是佛家弟子。"这句话正是在说，能败坏儒学的只能是不纯粹的儒者，能败坏道学的只能是不纯粹的道士，能败坏佛学的只能是滥行的和尚。那么同样的道理，能败坏中国文化的，只能是不识中国文化之真精神的中国人。

（附）

把我说给你听

每一个不曾起舞的日子，都是对生命的辜负。

（本文根据陈果在2017年3月25日线下分享会的演讲内容整理而成。）

大家好，我是陈果。我希望我们能够共度一个非常美好的下午，留给大家一个美好的回忆。

今天的主题叫作"把我说给你听"。但我不会说那些我所知道的知识，也不会说我学过哪些大道理。

在我青少年的时候，曾经流行过一部美剧，叫作《成长的烦恼》。但今天我不是要跟大家谈论我"成长的烦恼"，而是想谈一下我成长的心得。我并不是说，我的这些成长心得，它本身是多么正确，你应该引用过去，从此成为你生活当中的一个指导。我从来都没有那么自大，觉得自己可以做大家的导师，绝对不是这样。

我说的成长的心得，指的是在生活中曾经有那么一些话，感动过我，点亮过我，改变过我，而且现在还在影响着我。可能对你来说，它不一定适用，但因为那是我切身感受到的，所以我很愿意跟你们分享，说不定一不小心，会对你有所启发，如果是这样，那真是太好了。

下面就跟大家分享几句曾深深打动过我的人生格言。我会告诉大家，这几句话为什么动人？它们有什么特别？

每一个不曾起舞的日子，都是对生命的辜负

打动我的第一句话，是来自尼采的一句名言：每一个不曾起舞的日子，都是对生命的辜负。

这句话在说什么呢？为什么要起舞？每一个日子都要起舞，这不是精神病吗？在马路上跳舞吗？还是吃着饭突然翩翩起舞？其实不是这样的，尼采说这句话就是告诉你，既然我们不得不来到这个世界上走这一遭，活这一生，那么就请把你的人生过成值得庆祝的人生。如果你的这一趟人生，没有让你觉得值得庆祝，那么某种程度上，你其实就虚度了这来之不易的一生。就是这个意思。

我们总觉得，"人生"是个宏大的词语。那到底什么叫作人生？我不知道大家是不是认真考虑过这个问题。简单地说，人生就是人的一生。如果我问你，什么叫作人的一生？你很可能会告诉我：一生就是一个时间的概念，它包含了过去，包含了现在，也包含了未来。所以，什么叫作我的一生？那就是我的过去、我的现在和我的未来。

当我们进寺庙去参拜，你会发现，在寺庙的大殿里有三世

佛，一尊叫过去佛，一尊叫现在佛，一尊叫未来佛。然后你会发现一个很明显的特征：一般情况下，现在佛总是放在中间，占据主位，而且有时候，现在佛在体量上也会更大一些。大家有没有考虑过这个问题，为什么在过去佛、现在佛、未来佛中，现在佛是最大的，而且位居中心？我觉得这里面有一个小小的暗示：其实过去佛和未来佛，它们某种程度上都只是现在佛的一个化身。

什么叫作过去？所谓过去，其实就是已经完成的一个现在。不是吗？我说完了这句话，这句话就结束了，完成了，这句话就从现在变成了过去。所以"过去"就是一个已经完成了的现在。那什么叫作未来？"未来"其实就是当下的延续、现在的延伸。所以在时间概念上，我们上了一个当——其实，根本就没有"过去"，过去是已经完成了的现在；其实也没有"未来"，未来就是现在的继续。所以，为什么现在佛比过去佛更大？那是因为你的过去，是由你曾经的那个"现在"决定的。为什么未来佛也没有现在佛大？因为你的未来也是由你当下的这个"现在"决定的。

我说这些，是要告诉大家，其实现在、当下、此时此刻，才是时间当中最为重要的。现在、当下、此时时刻，才是真正的时间的中心。所以当你活在当下，把当下过好，其实就是在过好你的人生。因为你人生的过去，是由你的现在决定的；而你人生的未来，仍然是由你的现在决定的。

所以当你好好地、真诚地、用心地活出你的现在，当这个现在完成了，当它变成了你下一刻的过去，那么，你就已经等于善待了你的过去，而且你也善待了将由这个现在延展出去的那个未来。

　　所以，"每一个不曾起舞的日子，都是对生命的辜负"，这句话让我印象很深，从读到这句话的那一刻开始，我就决定要把我的生命活成一个礼物，活成一个值得庆祝的事情。

　　我跟大家分享这些，是因为很多时候我们把太多的关注点放在了未来。就好像你的今天都要为未来作出牺牲，你今天所做的一切都是在为未来作打算，作准备，作计划。今天那么重要，却似乎一直是最被你忽略的，你的关注点永远都放在你的未来。但是，在座的诸位有没有考虑过，什么叫作未来？永远不来的，才叫未来。

　　最实实在在的，最真真切切的，是当下。然后你选择牺牲这个真实的现在，牺牲"现在"这个最真实的一分一秒，去为那个虚无缥缈、永远不来的未来作打算，这真的非常划不来。而且事实上，你的那个虚无缥缈、永远不来的未来，恰恰是由你这个最真实的当下所决定的。

　　所以很多时候，我们真的是本末倒置，人应该好好地活在当下，好好地享受此时此刻，心怀诚意地、用心地对待眼前的这个人、手中的这件事，郑重地过好当下这一刻的生活，然后你的未来就从你的每一个当下诞生。从这个美好的当下延续出来的下一个时刻，它不会错到哪里去的。

诗人海子最有名的一句诗是：面朝大海，春暖花开。这首诗的开头也很动人，这句诗是：从明天起，做一个幸福的人。我当时看完之后，就明白了海子为什么选择卧轨自杀。因为从明天开始才成为一个幸福的人，这句话的潜台词就是：今天的我，是不幸福的人。

不要等到明天，才开始做一个幸福的人。就从此刻开始去创造幸福，就从当下、现在开始，竭尽全力在你的能力范围之内，在你的条件限度当中，去创造你能创造的最大幸福。我觉得这才是生命的一种最强壮的姿态，这才是对自己人生的一种负责。

我说这些话，是"把我说给你听"，而我是个非常非常看重每一个当下的人。其实我很少考虑未来的事情，这是真的。也许像我这样的人并不太多，我不太去设定未来宏大的目标、远大的志向。人生无常，未来谁知道？只有天晓得。所以很多时候，我更关注我的每一个当下，这是我能把握的，也是我唯一能把握的。

有一句话叫作"明天和死亡不知道哪一个先来"，所以我唯一能够把握的就是现在，就是此时此刻。所以我很看重每一个当下，之前跟大家说不要等到明天才去幸福，我很多时候也告诫自己，不要等到明天才开始让自己变成一个真诚的人。

很多时候我要求自己做任何事情，尽可能尽心尽力，诚心诚意地去做。但做完之后结果怎么样，这个不是我能掌控的，我也不会费很多心思去想这件事。能够走到哪一步，就是哪一步，能够走多远，那就走多远。重要的是我觉得我心安了，问心无愧了，就可以了。

　　可能每个人对人生都有不同的定义，我对自己人生的第一个定义是：我就是海上的一叶扁舟，随风而行。我觉得，命运可以把我带到任何地方去。我很少对命运有很高的要求，要它把我这一生变成一个怎样的人，一定要带我到达多高的一个山峰。无所谓！命运——你随意！但是不管你把我带到哪里，不管你让我到哪个港口，我都会在那个港口好好地安家落户，做好我自己，然后按照我自己的节奏，过我认为幸福的生活，就是这样。

　　很多时候，命运让我很忙。很多朋友在忙的时候会比较焦虑，我不大焦虑的。我就觉得所谓的忙，就是一件事情接着一件事情。其实，当你真的很忙的时候，你哪有时间去抱怨，你应该还有很多事情要做的，所以不要留时间去抱怨。当命运让我很忙的时候，我就好好地一件事接着一件事地做。当命运让我变得很闲的时候，我就做点不那么讲效率的事情，比如花几个小时抄一本书。我以前抄过《道德经》，抄过《金刚经》，抄的时候真的是每一个字都专心致志，我才不管要花多少时间，我只觉得非常值得，非常快乐。

当命运让我跟朋友们在一起的时候，我就好好地对待他们。我跟大家说过，我的朋友就是另一个我，好好地对待他们，就是好好地对待我自己。

当命运让我一个人待着的时候，我也很会跟自己玩，自己跟自己玩是一件很开心的事情。当我自己跟自己在一起的时候，是真的自由。所以当命运让我一个人独处的时候，那我就好好地跟自己玩。

所以我对生活、对命运没有很高的期待，或者很大的目标，不指望它一定要对我怎么样，它随意。当它自由的时候，我会用我的方式，按照它的节奏来自由。这就是尼采的这句话带给我的很多感想，跟大家分享一下。

我自风情万种，与世无争

第二句话是我的朋友对我说的，不是我自己原创的：我自风情万种，与世无争。

我们把这句话解析一下，什么叫"我自风情万种，与世无争"？它有一个前提条件，就是不要影响别人，不要干扰别人的自由，不要给别人添麻烦。然后，在这个基础上做自己，活出真实的你，率性一点，自然一点，从容一点，真实一点，这样你就会更快乐。

很多年以前，我有一个学生，是个研究生。当时我在食堂吃饭，她坐过来，问了我一个问题，她说："陈果啊，别人喜欢你，和你喜欢自己，哪个更重要？"我记得我当时的回答是："都很重要，别人喜欢你，和你喜欢你自己，都很重要。但是，当两者不能兼顾的时候，你喜欢你自己更重要。"

　　（作者注：人要怎样做自己、喜欢自己呢？做自己，首先要了解自己。了解自己的天性，了解自己的心，然后跟着心走，顺着天性发展，在已有的条件下，尽力为自己创造自由和心安。这样的自知、自由，往往会带来自我认可、自我欣赏和自我实现。这些书里有具体讲述，这里不再展开。）

　　实际上，不管你活成什么样，不管你多优秀，多完美，总有人喜欢你，总有人不喜欢你，对吧？哪怕你很糟糕，也总有人喜欢你，总有人不喜欢你。哪怕你完美到像耶稣、苏格拉底那样，不照样被人害死了吗？

　　所以请你接受这样一个事实，不管你活成什么样，像不像你自己，总有人喜欢你，总有人不喜欢你。

　　那么结论是什么？当你活成你自己，当你活成真实的你，也还是有人喜欢你，也还是有人不喜欢你，但是，至少你会更喜欢你自己。

　　一个人喜欢他自己是一件非常非常美好的事情。当你喜欢你自己的时候，你会由内而外散发出一种自信，散发出一种自由。

什么叫自信？自己相信自己才叫自信啊。我们现在很多人所谓的"自信"，其实是他人相信我，我才有自信，你们觉得我好，我的自信就来了。这怎么能叫自信呢？这不是"他信"吗？所以真正自信的源头还是来自于自己。做你自己才能真正有自信，你喜欢你自己才能有真正的自信，而不是取决于他人喜欢不喜欢你。

一个人由内而外散发出自由和自信的气息的时候，我们有很多很多别称，一个别称就叫作"魅力"；一个别称就叫作"从容"；一个别称就叫作"风情"。这些东西都来自于一个真正喜欢自己的人，只有喜欢自己的人才会具有。

现在大多数女性在听到"优雅"两个字的时候，就会心生向往。你知道香奈儿的创始人是怎么定义优雅的吗？她说："言行自如，即是优雅。"

你的一举手、一投足，洋溢着一种深深的自信，洋溢着一种深深的自由，这就是一种优雅，跟你穿什么衣服真的没关系。所以我想说，当你真正发自内心喜欢你自己的时候，你会有这种深深的自信，你会有这种由内而外散发出来的自由的气息，这种东西其实才叫真正的优雅。这是第一点。

第二点，当一个人发自内心地自由、自信的时候，他身上会散发出一种无法抗拒的感染力。这种感染力会影响到别人的。知道吗？这种影响力才叫真正的正能量。真正的正能量不是我告诉你"你要坚强""你是最好的""你是最棒的"，现

当你活成一束光的时候，他要是接近你，就是接近光。

不管你愿意不愿意，你都会温暖到他，你都照亮了他。

在不是很多年轻人都这样吗？但这不是真正的正能量。

真正的正能量是什么呢？那就是你活成了一个光源，你把自己活成了一束光。你不需要刻意跟别人说什么，当你活成一束光的时候，他要是接近你，就是接近光。不管你愿意不愿意，你都会温暖到他；不管你愿意不愿意，你都照亮了他。这才叫真正的正能量。其实当你活得很压抑，很沉重，很不幸福，当你自己活出很多负能量的时候，不管你说什么正能量的话，都是打折的。坦率地讲，一个活得很不幸福的人，你真的能够为别人的幸福带来什么有用的建议吗？

所以，你要让自己活出真正的自信、真正的自由，你要真正地喜欢你自己，这个时候你就会散发出一种感染力，这份感染力才是一种真正的正能量。你不用在乎你要说什么，你的存在本身便是一束光。自由，自信，从容，优雅，你的存在本身便成了一种富有感染力的光源。这个是非常非常重要的。

然后还有一点，因为我们有些朋友总是问那些特别一言难尽的问题，比如说："陈果啊，我们怎么样才能找到知己好友？"

物以类聚，人以群分。只有同等能量的人，才能相互识别；只有同等能量的人，才会相互欣赏；也只有同等能量的人，才能成为知己好友。我希望大家明白我这句话的潜台词——你想要什么样的好朋友，你就得先活成什么样的人。因为当你变成了怎样的人，你才会吸引来怎样的人。当你希望有一些发自内心喜欢你的朋友，那你先得让自己活成你自己发自内心会喜欢的那种人。

　一个真正很爱自己、很喜欢自己的人，一定很热爱生活。我爸曾说：当一个女人对镜子微笑的时候，这个女人其实是在对全世界微笑。当一个人对镜子微笑的时候，她其实是在对自己微笑，而当一个人对自己微笑的时候，其实她就是在对生活微笑。这句话的潜台词就是，当你对自己很满意的时候，你就会对自己生活的世界很满意，因为正是这个世界把你变成了你满意的自己。

　所以一个人喜欢自己，他就会喜欢这个世界，就会喜欢你正在展开的生活。而一切厌世，某种程度上都来自于一种自厌。如果你不喜欢这个世界，不喜欢你的生活，说到底，其实就是因为你不喜欢现在的这个你，你不喜欢你自己。

　所以，一切自爱必会带来对生活的热爱，而一切厌世，追根溯源，往往是出于自我厌倦。

把有意义的事情变得有意思，
把有意思的事情变得有意义

　　这第三句话，是我的学生教我的。他是一个本科生，大一或大二。他说，对他来说，生活当中有一件非常重要的事要做，什么事情呢？"把所有有意义的事情变得有意思，把所有有意思的事情变得有意义。"我觉得这句话说得太好了，这就是生活的艺术啊！

　　我们活在这个世界上，会碰到很多有意义但却显得很无趣的事。把一切有意义的事变得尽可能有意思，同时，又把一切你觉得有意思的事情尽可能变得很有意义。这是一种生活的智慧。

　　很多时候，在我们的生活当中，有很多有意义的事情，你也许不那么喜欢，但是你必须要花时间做。好，既然你不得不花时间做，那你为什么不把它尽可能做到精彩，尽可能做到好玩，尽可能做到不辜负这件事本身，不辜负你必须要花费的时间，还让它给你带来很多的营养呢？

　　有很多女孩子不喜欢做家务，为什么呢？她们觉得做家务是很浪费时间的事情，耗费生命，所以她们都喜欢跑到外面去做瑜伽。一位非常有魅力的外国女士曾跟我讲，做家务时，你把每一个动作尽可能伸展开，你就会把你的家务变成一场免费的瑜伽，变成一场自我欣赏，变成一种自我修养。

所以我觉得这就是我学生说的那句话：把一切有意义的事，变得有意思。

很多事情，不要听到周围的人说它没意思，你就觉得没意思。你应该发挥你的个性，这才叫个性。对大家来说都是很没有意思的事情，你能把它做得那么愉快，你能把它做成一个精品，你能把它做得那么完整，你能把它做到那么享受，这才叫真正的个性。

你长了一颗非常别致的心，你有一个非常独特的看世界的眼光，所有让人觉得很乏味的事情，到你这里就变得趣味横生，这才叫真正的酷，这才值得尝试，这才是智慧啊！

告诉他们，我度过了幸福的一生

第四句话是我今天分享的最后一句话，它来自哲学家维特根斯坦。不读哲学的人，可能不太了解这个人。

维特根斯坦是个怎样的人呢？他的父亲是欧洲钢铁大亨，母亲是银行家的女儿。维特根斯坦家族在欧洲声名显赫，富可敌国，他们在奥地利的房子俨然是一座宫殿，据说家里的房间多得数不清，家中就有好几架钢琴。他的兄弟姐妹们个个都是社会名流、业界精英，勃拉姆斯、马勒等世界级的音乐大师都是他们家中的常客。维特根斯坦是家里最小的儿子，不但精通哲学，是数一数二的哲学大家，同时在音乐、建筑、数学等各个领域都有着深刻的见解和惊人的天赋。

这么有钱的一个哲学家，拥有非凡的头脑、非凡的财富，这本来是件多么幸运的事，可是从小生活优渥的维特根斯坦却觉得，钱不能带给他幸福。所以在很年轻的时候，他就选择散尽家财，然后执意去过那种最简陋、最朴素的生活。据说他做过园丁，修修花，剪剪草，晚上就睡在大棚里面；也曾只身跑去很远的乡村小学教书，给小朋友讲植物学、动物学和建筑学……直到他遇见了另一个伟大的哲学家罗素。我们知道，罗素是数学家、文学家、历史学家、哲学家，总之是集各种"家"于一身。维特根斯坦与罗素亦师亦友。之后，维特根斯坦便经历了众人眼中的一个华丽转身，从乡村男教师变成了剑桥大学的哲学教授。可是好景不长，他讲着讲着哲学，发现这世上没几个人能懂他。当时适逢二战，他就又一转身，离开了剑桥的哲学讲台。你们知道他去干什么了吗？他跑到医院去做护工了，在那里清扫卫生，打打杂，做一些最不起眼的体力活，可他却做得尽心尽力。

直到有一天，医院的一个医生认出了他。医生惶惑不安地走到他跟前，问他："请问您是哲学家维特根斯坦吗？"据说，这位伟大的哲学家面色苍白，只是冷冷地说了一句："别告诉别人我是谁。"

晚年，这位出身豪门的哲学王子就这样在清贫的生活中度过了余生。而他留给这个世界的最后一句话，他的遗言，正是这一句——"告诉他们，我度过了幸福的一生。"

我听到这句话的时候，似乎一下子找到了人生的终极目标。我人生的终极目标就是，当我有一天离开这个世界的时候，我能像维特根斯坦一样，对身边的人说："告诉他们，我度过了幸福的一生。"

谢谢。

读客®

激发个人成长

多年以来，千千万万有经验的读者，都会定期查看熊猫君家的最新书目，挑选满足自己成长需求的新书。

读客图书以"激发个人成长"为使命，在以下三个方面为您精选优质图书：

1. 精神成长

熊猫君家精彩绝伦的小说文库和人文类图书，帮助你成为永远充满梦想、勇气和爱的人！

2. 知识结构成长

熊猫君家的历史类、社科类图书，帮助你了解从宇宙诞生、文明演变直至今日世界之形成的方方面面。

3. 工作技能成长

熊猫君家的经管类、家教类图书，指引你更好地工作、更有效率地生活，减少人生中的烦恼。

每一本读客图书都轻松好读，精彩绝伦，充满无穷阅读乐趣！

认准读客熊猫

读客所有图书，在书脊、腰封、封底和前后勒口都有"**读客熊猫**"标志。

两步帮你快速找到读客图书

1. 找读客熊猫

2. 找黑白格子

马上扫二维码，关注"**熊猫君**"

和千万读者一起成长吧！

图书在版编目（CIP）数据

好的爱情：陈果的爱情哲学课 / 陈果著 . –– 北京：

人民日报出版社，2018.4

ISBN 978-7-5115-5364-5

Ⅰ . ①好… Ⅱ . ①陈… Ⅲ . ①人生哲学—通俗读物

Ⅳ . ① B821-49

中国版本图书馆 CIP 数据核字（2018）第 050193 号

书　　　名	好的爱情：陈果的爱情哲学课	
作　　　者	陈　果	
出 版 人	董　伟	
责 任 编 辑	林　薇	
特 约 编 辑	周　喆　黄迪音	
封 面 设 计	谢明华　陈艳丽	
出 版 发 行	人民日报出版社	
出版社地址	北京金台西路 2 号	
邮 政 编 码	100733	
发 行 热 线	（010）65369527 65369512 65369509 65369510	
邮 购 热 线	（010）65369530	
编 辑 热 线	（010）65369526	
网　　　址	www.peopledailypress.com	
经　　　销	新华书店	
印　　　刷	北京中科印刷有限公司	
开　　　本	880mm×1230mm 1/32	
字　　　数	100 千	
印　　　张	7	
印　　　次	2018 年 5 月第 1 版　2019 年 3 月第 9 次印刷	
书　　　号	ISBN 978-7-5115-5364-5	
定　　　价	39.00 元	

如有印刷、装订质量问题，请致电 010-87681002（免费更换，邮寄到付）